浪花朵朵

出生第一年

宝宝养育实用手册

[英] 萨拉·奥克维尔-史密斯 著　胡希楷 冯林 译

天津出版传媒集团
天津科学技术出版社

BABYCALM: A GUIDE FOR CALMER BABIES AND HAPPIER PARENTS

First published in Great Britain in 2012 by Piatkus, an imprint of Little, Brown Book Group.
This edition arranged with LITTLE, BROWN BOOK GROUP LIMITED
Through BIG APPLE AGENCY, INC., LABUAN, MALAYSIA

天津市版权登记号：图字 02-2022-055 号

图书在版编目（CIP）数据

出生第一年：宝宝养育实用手册 /（英）萨拉·奥克维尔 - 史密斯著；胡希楷，冯林译 . -- 天津：天津科学技术出版社，2022.8

书名原文：BABYCALM:A Guide for Calmer Babies and Happier Parents

ISBN 978-7-5742-0050-0

Ⅰ . ①出… Ⅱ . ①萨… ②胡… ③冯… Ⅲ . ①婴幼儿—哺育 Ⅳ . ① TS976.31

中国版本图书馆 CIP 数据核字（2022）第 098979 号

出生第一年：宝宝养育实用手册
CHUSHENG DIYI NIAN: BAOBAO YANGYU SHIYONG SHOUCE
责任编辑：张　婧
责任印制：兰　毅
出　　版：天津出版传媒集团 / 天津科学技术出版社
地　　址：天津市西康路 35 号
邮　　编：300051
电　　话：（022）23332400（编辑部）　23332393（发行科）
网　　址：www.tjkjcbs.com.cn
发　　行：新华书店经销
印　　刷：天津中印联印务有限公司

开本 720 × 1000　1/16　印张 13.75　字数 150 000
2022 年 8 月第 1 版第 1 次印刷
定价：38.00 元

为《出生第一年：宝宝养育实用手册》点赞

萨拉·奥克维尔－史密斯的《出生第一年：宝宝养育实用手册》提供了一系列颇受欢迎的解决方案，来应对那些常常令新手父母不堪重负的育儿建议风暴。萨拉的目标是帮助新手妈妈们对自己的母性直觉树立起信心，并学会信任自己的孩子。为了达到这个目标，她分享了自己和其他母亲的故事，鼓励读者考虑自己的需求，倾听孩子的心声。书中有一些很有价值的策略，包括用“飞机抱”的方式让婴儿平静下来，从分娩心理创伤中恢复过来的建议。我认为这本书的真正价值在于那些让人放心的、无负罪感的养育方法，这就是为什么读这本书对任何一位准妈妈来说都是完美的选择。

——劳拉·马卡姆博士

作为一个新手妈妈，《出生第一年：宝宝养育实用手册》中的观点都非常有意义，它给了我信息和信心来享受我的新家庭生活。费思是一个非常快乐的小女孩，我们也是非常快乐的父母。

——米歇尔·希顿，歌手、新手妈妈

作为一个新手妈妈，遇到宝宝有疝气的问题会不知所措。但这本书中的建议对我和宝宝都很有抚慰作用！这是一本必要的、有价值的孕期及产后读物。

——露西·斯毕德，女演员、新手妈妈

给塞巴斯蒂安、弗林、拉弗蒂和维奥莱特，

我爱你们胜过爱太阳、月亮和星星。

作者简介

萨拉·奥克维尔－史密斯，心理学学士，在制药研发部门工作过几年。在她的第一个孩子出生后，萨拉接受新的培训并成为一名儿科顺势疗法医生、催眠分娩产前教师、助产士以及产后导乐师。她还接受过婴儿按摩、催眠治疗和心理治疗方面的培训。

婴儿温和养育™课程是萨拉在2007年创立的，当时很多父母在分娩之前来参加她的课程，希望得到萨拉在孕产和育儿方面的支持和指导。在业务合作伙伴夏洛特·菲利普斯的帮助下，萨拉的宝宝温和养育公司从最初自己家简陋的起居室，成长为拥有超过一百名教师的大公司，并且在澳大利亚、加拿大、爱尔兰和西班牙都有分公司。

在萨拉的职业生涯中，她已经与一千多位新手父母一起努力，帮助他们经历更轻松的分娩过程和更平和的育儿岁月。她最喜欢看到一个紧张的新手妈妈成长为自信、快乐的妈妈，并为自己在这个过程中扮演一个小角色而感到荣幸。

萨拉最重要的角色，是四个孩子的母亲。她和丈夫、孩子、猫、牧羊犬以及几只鸡一起生活在埃塞克斯郡一座有400年历史的小房子里。

序　言

我不知道有多少父母会认为他们自己对照顾新生儿或养育孩子的事情一清二楚。当我在20岁出头生下第一个孩子的时候，我有些迷茫，所以经常打电话咨询我的妈妈和姐姐们。我有一个庞大的家庭网，我的父母有五个女儿，我是其中最小的，我相信，去做自己猜测或感觉正确的事情确实是好计划。现代社会家庭单位越来越分散，家庭成员的支持和传承的智慧并不总是唾手可得，但我当初很幸运。

尽管我能够从有一手经验的亲戚那里得到明智的建议，但在20世纪70年代，阅读婴儿养育指南已是一种潮流。我的姐姐们都没有使用这种资源的冲动，而我却开始追赶这个潮流。在那之前，我相信自己的感觉，也相信家人们的建议。后来，我读的几本书挑战了我关于爱和养育孩子的本能，我对如何"训练"孩子的建议渐渐感到不舒服和担心。所以我很快就放弃了那些书，重新回到自由养育女儿（我最小的孩子）的路上，而且更加有信心。

我现在是一位祖母，可以被认为是最聪明的、年长的家庭成员之一。我会给我的家人们传授一些技巧，但我也从他们养育孩子的经验中学到了很多。我看到了母婴同床的好处，并对它的积极影响感到惊讶。我很高兴也很荣幸被邀请为这本书写序言，因为这本书的重点是关于养育孩子方面，让父母相信自己的直觉，享受和婴幼儿期宝宝在一起的短短几年时光。

当女性在怀孕和分娩过程中越来越依赖健康专家以及那些自称是育儿专家的人时，这本书提供了一个令人耳目一新的选择。《出生第一年：宝宝养育实用手册》倡导的是一种科学的、积极的，专注于直觉、感觉、爱和信任的育儿观。文中像“成为一名母亲，你并不需要先成为一名育儿专家”和“让宝宝主导”这样的话让我心花怒放。我很喜欢萨拉提供的一系列针对特定情况的重要建议，而不是程序化的指导，但是很明显，因为每个婴儿都是独一无二的，所以每个建议都可能需要尝试。

书中的语言不是一言堂式的指令，而是简单易行的建议，有助于帮助新手父母理解并建立育儿信心。每章的主题都附有鲜活的案例，萨拉用多个父母的故事来说明要点，这些故事是真实的、坦率的，能帮助新手父母们明白，在追求成功养育孩子的路上，他们并不孤独。

对我来说，书中最好的信息之一与英国儿科医生唐纳德·温尼科特（Donald Winnicott）的研究有关，他认为最好的母亲是“足够好的母亲”。这个概念对我来说非常有意义——在出生的时候，母亲完全被婴儿的需要所引导。但随着时间的推移，婴儿开始渐渐独立，这主要是由于他/她的母亲不具备完美的能力来满足他/她的每一个需要。所以“足够好”就够了，这样更能促进婴儿的成长，而且也减轻了女性为成为“完美母亲”这一不可能的目标而产生的压力。

作为一个已工作30多年的助产士，我是自然分娩和积极分娩的大力倡导者。我亲眼所见分娩对女性和家庭的积极和消极影响。如果母亲认为分娩是一种创伤，其影响可能会持续几代人，真的是一件很悲哀的事情。最佳的解决方案是确保所有的女性都有一个充实的、积极的分娩体验，使她们能够与新生儿之间建立起一种养育和爱的联系。但我相信，如果女性能在不完美的分娩经历之后得到支持并下定决心，那么母婴关系仍有可能正常发展。此外，这本书将进一步支持和增强妈妈们的信心，让她们知道自己是有能力用爱来照顾宝宝的，即使“开局”并不理想。

母婴关系是人类社会中最重要的关系，是我们生理、心理和社会关系健康的基础。这本书建立在母亲已有知识（本能）的基础上，提供一系列建议来鼓励依靠母性直觉的育儿方式。我希望你觉得它有用，并能树立起自己育儿的信心。我会通过我的工作以及我的家人和朋友来推荐它。

希娜・比罗姆（Sheena Byrom），自由接生顾问、OBE*

* 译者注：OBE，大英帝国官佐勋章，是英国授予有特殊贡献者的勋章，代表着无上的肯定和荣誉。

目 录

开 篇 / 1
第一章 相信你的母性本能 / 9
第二章 了解宝宝的需要 / 23
第三章 安抚技巧工具箱 / 35
第四章 全球育儿经 / 61
第五章 了解正常的婴儿睡眠 / 71
第六章 睡眠训练技巧 / 81
第七章 可以让你拥有优质睡眠的 10 种方法 / 97
第八章 培养自信的孩子 / 117
第九章 喂养孩子 / 127
第十章 遇到问题，怎么办 / 139
第十一章 出生创伤和亲密关系 / 157
第十二章 向“母亲”过渡 / 175

参考文献 / 199
致 谢 / 205

开　篇

生育不仅仅是一件关于孕育孩子的事，也是一件关于造就妈妈的事。它能成就一位坚强、能干、能够胜任的母亲，让她们相信自己，并了解自己本能的力量。

——芭芭拉·卡茨·罗斯曼（Barbara Katz Rothman），

作家、社会学教授

你可能会认为这又是一本由最新的“育儿专家”写的书，书中内容能告诉父母在养育孩子时该做什么，不该做什么，以及一些奇迹般的育儿方法，比方如何让孩子睡整觉。可是，我不认识你，也不认识你的孩子，我怎么可能告诉你该怎么办呢？当你继续读下去的时候，我希望你会发现这本书与你读过的其他育儿书不同，并觉得它令人耳目一新。

我写这本书的目的是带你踏上一段旅程，我希望它能帮助你意识到，在养育自己孩子这个方面，你已经是最好的专家了。你不需要一日常规时间表，你只需要相信你自己和你的宝宝。一定要让书本来告诉我们如何通过坚持常规来养育孩子吗？对我们星球上的众多物种来说，养育子女都是如此容易、如此自然的事情，那么对人类来说又何尝不可呢？育儿书真的对我们有帮助吗？你读过的书都帮到你了吗？又或许，某些“专家建议”是否反而让母亲们失去了原本的养育能力？这些书会不会有可能阻止我们发现自己的母性本能呢？

诚然，一些母亲可能觉得自己没有什么母性本能，我遇到的一些母亲也确实认为自己根本没有母性本能。但我可以明确地告诉你，你的母性本能可能深藏不露，只是因为害羞或犹豫着没有表现出来而已，我敢保证它一定存在。如果你还在担心自己没有任何母性本能，那么你能做的最积极的事就是花时间与你的孩子相处，不要担心明天，也不要担心你缺乏理解孩子的能力，而是去享受今天，享受拥抱，享受你的人生新阶段所带来的疯狂。你会发现，通常在你最不抱期待的时候，你的母性本能就会出现。我从未遇到过任何一个完全没有母性本能的母亲。如果你强迫自己成为一个“好妈妈”，你反而会让自己置身于一个充满焦虑和困惑的世界，重新意识自我并相信自己的养育直觉的旅程往往需要更长的时间。

婴儿温和养育™理论

焦虑且困惑的育儿生活，到底哪里出错了？我认为其中一个矛盾就是对女性支持的缺失，缺少了那些我们曾经与母亲、姐妹、阿姨以及朋友分享过的充满支持的女性智慧。著名的精神分析学家丹尼尔·斯特恩（Daniel Stern）专门研究婴儿发展，他认为新手妈妈需要形成一个“母性矩阵”，他将这个矩阵描述为一个母亲角色网络，能帮助新手妈妈在她的新角色中感受到认可和支持。

这就是婴儿温和养育™课程的理论基础。我们拥有一个女性教师网络，所有这些老师自己都已为人母，通过这个网络，我们为从开始怀孕到婴儿6个月大的新手妈妈们提供每周课程和研讨会。在这些课程和研讨会中，婴儿温和养育™课程组织的老师能帮助新手妈妈了解婴儿的需要、暗示和信号，其目的是帮助妈妈们找到方法来平复婴儿的哭泣，形成对婴儿更符合实际的期望，也帮助妈妈们拥有更多的睡眠。最重要的是，我们为新手妈妈们提供了一个安全的、不带偏见的以及真正被倾听的交流环境。我们支持、倾听，提供无偏见的、基于证据的信息，促进个人学习和发现，而不是把观点强加给参与者。婴儿温和养育™课程的主要目标是重建亟须支持的“女性矩阵”，并将为人母的权力交回女性自己，使她们信任自己的直觉，成为自己的专家。这同样也是这本书的主要目标：提供支持而非处方。

在与新手父母合作的过程中，我遇到过许多妈妈和宝宝，他们教给我的东西远比我从课本或讲座中学到的多得多，她们的经历都是独特又迷人的。我在这本书中与你分享了一些她们的育儿故事，非常感谢她们愿意花时间把这些故事写下来，并同意与你分享。我希望她们说的一些话能让你产生共鸣，就像它们让我产生共鸣一样。

你就是自己的育儿专家！

现代社会一些“育儿专家”是如何帮助新手妈妈们感受到被认可和支持的呢？如何帮助她们探索内心产生的新感觉呢？又是如何帮助她们增强自信，尤其是对自己育儿技能的信心呢？我认为来自外界的帮助，其作用微乎其微。倘若一位母亲需要专家来告诉她该做什么和怎么做，那么这本身就意味着她自己不具备那些必要的育儿技能——这才是问题所在。

我相信是时候让全世界的母亲团结起来，反对这种全球性的对母性本能的压制了。对于那些与亲戚距离较远的核心家庭，他们可能没有我们曾经拥有的庞大女性支持网络，但也还有其他选择。作为母亲，我们需要找到自己的声音，来自内心深处的声音，并学会信任它。尽管有新的专家告诉我们不要自讨苦吃，但我们要知道，当我们身体里的每一个细胞都渴望拥抱宝宝、安抚他们的眼泪、哄他们入睡时，抱起他们并没有错；晚上让宝宝依偎在你怀里，那甜蜜、温暖、醉人的爱也没有错；你不会因为不教他们自主入睡而“宠坏”他们；给宝宝回应是正确的，无条件地爱他们也是正确的；做你作为母亲原本的样子是绝对没错的。你就是宝宝最好的妈妈，你已经足够好了。

如果我只能帮助世界上的新手妈妈们了解一件事，那会是什么？毫无疑问——“你就是自己的育儿专家！”你对孩子的了解比你想象的要多得多，即便你可能认为自己什么都不知道。事实上，你比世界上任何人都更了解你的孩子，你只需要学会信任自己，并将自己已有的育儿信息付诸实践。我建议你摆脱那些传授僵化流程和不正确技巧的书，因为你需要的所有信息都深藏在心，你只需要找到它们，这本书就是在帮你获得所有的信息！

在一些育儿书里，养育孩子的“正确”方式是参考那些专家根据别人孩子的经验而提炼出来的指导建议。但是这本书不是这样，我希望这本书不仅能给你信息，也能让你充满信心，让你相信作为父母的直觉，相信你自己的方式，也相信你的孩子。书里有很多实用的提示和建议，也有很多关于孩子行为的解释，这些内容不仅来自我，也来自许多其他父母。

如果你觉得某个建议不适合你，那就不要采纳，因为在养育孩子的问题上，没有绝对正确的方式，只有对你来说适合的方式。这本书中包含的所有信息都是基于成熟的研究，而不是道听途说。书中还收录了许多母亲与孩子相处的真实经历，让你确信你孩子的行为就是宝宝在所处年龄段的正常行为。最重要的是，这本书没有把养育孩子描述成一场必须赢得的战争，相反，它想告诉你，你可以拥有一个快乐、自信的家庭，在这个家庭里，每个人的需求都应该且能够得到尊重和满足。

婴儿温和养育™课程和这本书的主要目的之一都是要改变我们为人父母和支持新手父母的方式，希望能帮助新手妈妈们意识到她们是自己孩子最好的养育专家，她们不需要完全遵循所谓的“育儿专家”的建议或流程。我将这个转变称为“母性革命”——一场把养育权力和信心还给全世界母亲的革命。

我的故事

如果由我先做自我介绍，让你们了解一下我曾经作为新手妈妈的经历，也许更能帮助你们理解我的立场。当然，我们不可能完全理解彼此的感受，但在很多方面，我和你们有过相似的经历，尽管细节不尽相同。

那是在2002年夏天，一个属于“育儿专家”的时代。很多新手父母要么按照吉娜·福特（Gina Ford）的《英国超级保姆的实用育儿经》（*Contented Little Baby*）中的常规开展养育计划，要么按照特蕾西·霍格（Tracy Hogg）的《婴语的秘密》（*Baby Whisperer*）那套流程与孩子交流，要么就是把这些一股脑全都照搬起来。当时我正在休产假，我在制药行业有着前景光明的职业生涯，包括一份诱人的薪水、一大笔年度奖金、公司提供的汽车、医疗保险，还有丰厚的退休金和许多海外旅行的机会。我那时雄心勃勃，而且最重要的是，我拥有很多控制权。我在怀孕20周的时候就已经为孩子预定了一个4月龄幼儿就能去的托育机构。我那时候还不是一个真正的母亲，事实上，每次同事炫耀她的小婴儿时，我都躲在厕所里，因为我实在无法忍受抱着宝宝傻乎乎地用婴儿声咯咯笑。除了在婴儿店买可爱的衣服这件事，我对小宝宝没什么兴趣。我对于做母亲这件事也没有什么期待，我认为婴儿太爱哭，而且我还不得不去应对白天的压力和不眠之夜。客观地说，我并没有准备好迎接即将到来的压力，也没有准备好迎接生活的剧变！

我的儿子塞巴是在我经历了漫长而痛苦的分娩过程后，于七月的一个雨天出生的，他是我参加的产前课程班中最后一个出生的孩子。在很多方面，我都害怕成为一个母亲，很大程度上是由于我不断从产前课程班里其他已经有孩子的妈妈那里听到各种消极的经历。然而，让我感到十分惊讶的是，我竟然如此迅速地深爱上我的宝宝，而塞巴又是如此平和。我似乎知道他需要什么来获得开心和满足，这种感觉很好，虽然有点超现实——我似乎很擅长做一个妈妈，尽管我有所保留，但实际上这是多么愉快的经历。唯一的问题是，“我的育儿方式”不符合当时的惯例，我越来越觉得自己和产前课程班的同学合不来。我喜欢一连几天都在家里抱着塞巴，而产前课程班的其他同学却总想带着宝宝去参加近期的课程活动，以帮助宝宝发育。

塞巴是这群孩子中最后一个开始睡整觉的，最后一个养成规律作息的，当然也是唯一一个和父母一起在床上睡觉的宝宝。为了融入集体，我曾好多次在和同学们一起喝早茶时谎称调整孩子的作息并不难，并让自己听起来不像是在吹嘘。事实上，当谈到塞巴的日常生活，尤其是睡眠时，我越来越觉得自己是个失败者。为了适应孩子的节奏，我读了吉娜·福特和特蕾西·霍格的书，但也没有成功，我和孩子无法做到书中要求的规律。有一天晚上，我原本在尝试控制塞巴哭泣，结果我自己却在婴儿房门外哭成一团，直到我再也无法忍受，才把塞巴抱起来，带回到我的床上。我感到难过，因为自己在追求一个乖乖睡觉的婴儿时给他带来了眼泪和创伤；我也感到内疚，因为我自作自受，剥夺了他自我调节的能力。我太失败了。

那些原本美妙和有益的事情，却让我感到不适和被孤立。我与我的产前班同学断绝了联系，疏远了朋友和亲戚，在互联网上花了几个小时寻求网友的支持。有时这是有帮助的，但有时却加剧了我的失败感。现在回想起来，我才意识到我真正想要的其实只是能有人对我说“做得好，萨拉，你已经很棒了”，但没有人这么做。我们很少称赞母亲的养育技能，不是吗？

记得在分娩过程中，我的感觉因为塞巴的难产而变得更加复杂，很可能是抑郁，但没有人问我过得怎么样，尤其是对我情绪方面的关心。我曾希望能顺产并在水中分娩，但结果却是躺在产床上，被装满药剂的吊针和机器围绕。我在笔记上写“我没有进步”，也确实感到失败——分娩时的失败以及做母亲时的失败。朋友和家人告诉我：“现在没事了，至少他在这里很安全，这才是最重要的。”可是这样的话对我来说一点帮助都没有。我其实想要告诉他们："实际上我受到了影响，难道我的感觉没有任何意义吗？"因为这听起来很自私，所以我把一切都藏在了心里。当这一切和我试图跟随吉娜和特蕾西成为一个"好妈妈"而产生的困惑纠结在一起时，我在分娩后最初的几个月里一直不开心。

我渐渐地学会更注意倾听自己和塞巴。我意识到，育儿专家并不认识我和我的儿子，那么他们怎么可能知道怎样做最适合我们呢？我读了一些能够引发我思考的书，比如琼·利德洛夫（Jean Liedloff）的《族群概念》（*The Continuum Concept*），这本书肯定了我内心的信念：我可以回应我的孩子，我可以把他抱起来，我没有宠坏他，也没有让他操纵我；相反，我很可能是在帮助他。我终于学会了相信自己，相信自己的孩子，这是多么幸福的解脱啊！从那时起，做一名母亲就成了我做过最值得的事情，抚养我的孩子也成了世界上最特别的工作。我决定不再重返工作岗位，因为有一条新的道路开始慢慢地出现在我面前，一条我曾经从未想过会选择的道路，但我非常感激。我非常希望这本书能帮助你体验我那时获得的作为母亲的感受——愉悦、充实和快乐。一个快乐的妈妈和一个平和的宝宝是可以互相成就的，在培育一个平和的宝宝时，永远不要忘记你自己是多么重要！

第一章

相信你的母性本能

即使孩子什么都不说，妈妈也都懂。

—— 谚语

你会时常觉得不能理解自己的孩子吗？当他哭泣时，你是否会因为不明白他想要什么而感到沮丧？我敢肯定，这些感受在大多数新手父母的脑海中都闪现过。但我敢保证，你实际拥有的能力和知识比你以为的要多。美国作家约瑟夫·奇尔顿·皮尔斯（Joseph Chilton Pearce）花费50多年时间研究人类思维，尤其是儿童的发展，他说："女性传承了数百万年的遗传基因编码会让她们的智力、直觉、知识、能力乃至身体的每一个细胞都懂得如何养育一个婴儿。"

做你感觉正确的事

我写这本书的主要目的不是教你如何养育孩子，而是希望书中的故事和信息能帮助你认识到你已经足够智慧，让你相信你自己比世界上任何人都更了解你的孩子，并让你知道，你不需要遵循别人的育儿流程或技巧来让宝宝平和、满足。在初为人母的你看来，这听起来似乎是不可能的，但有一天，希望就在不远的将来，你会足够了解你的宝宝，不再在乎别人对你的孩子出于善意的建议或评论，并且自信地遵从你养育孩子过程中最好的老师——母性的直觉（本能）。海吉亚·李·哈夫蒙（Hygeia Lee Halfmoon）在《现代世界的原始母亲》（*Primal Mothering in a Modern World*）一书中完美地总结了这一观点："女性的本能依然存在。抽丝剥茧之后，我们在不断反思中让人性重回正轨，我们将再一次自由地做回真正的自己并发现对一个物种的深爱居然能如此轻易地把我们引入歧途。”

如果你觉得自己不具备这种备受尊崇的“母性本能”怎么办？是你自己出了什么问题吗？怎么才能开始理解自己的孩子，怎样才能知道孩子需要什么呢？如果你觉得自己并不喜欢做母亲的感觉，又该怎么办？作为一个新手妈妈，这似乎是罪大恶极的，不是吗？但依然请你放心，这些感觉是完全正常的，也是非常普遍的。事实上，绝大部分母亲都有过这种“挣扎”，尽管她们不一定承认。当然，作为一个新手妈妈，所有这些消极的想法也曾在我的脑海中掠过。

母婴肌肤接触

我之前提到过，作为母亲，学会理解宝宝和自己的最好方式就是：不想将来、忘记过去、无视建议、顺其自然。享受和宝宝在一起的甜蜜时刻，感受温暖的拥抱，看着宝宝不时出现的笑脸和吃奶时的眼神，闻着宝宝身体的气味，触摸宝宝柔软的皮肤，此时此刻，不用强迫自己做任何事或成为任何人，静静享受与宝贝的“蜜月”，而你对孩子的理解和育儿本能正是在这些神奇的黄金时刻觉醒的。母婴肌肤接触越多，缩宫素（母爱的激素）的分泌就越多；越沉浸在宝宝的世界里，你就会越快地了解他。下面这些新手妈妈发现，婴儿按摩所提供的母婴肌肤接触对她们的帮助是难以想象的：

我们每周去上一次婴儿按摩课，我非常喜欢，这是我和宝宝为数不多的独处时光——没有手机铃声，没有门铃声，没有成堆的待洗衣物，也没有要换洗的纸尿裤！就我们俩，跟怀孕的时候一样。简单的触摸就有让我觉得和宝宝很亲近的力量，也让我想起了他出生时的许多细节——他的身体光溜溜的，我们放松、亲密无间，眼中只有彼此。我真的相信这种肌肤接触有助于在亲子之间建立起更牢固的联系。

抱着宝宝，轻轻抚摸她，肌肤相触，感觉这是很自然的事情，也是花更多时间享受和她接触的完美借口。我喜欢宝宝完全放松、静静地看着我的样子，这是一种很美妙的交流方式。那个时候，仿佛全世界都安静了，这种情境也让我平静下来。

婴儿背巾

许多妈妈发现，用婴儿背巾带着宝宝四处走动，不仅能与宝宝进行亲密的身体接触，有助于她们与宝宝建立密切的联系，而且还能帮助她们用不同的方式去理解孩子。在本书后面的章节会有更多关于婴儿背巾的内容，现在，让我们先来看看这些妈妈是如何发现婴儿背巾对她们发掘母性本能所起到的作用：

给女儿裹婴儿背巾是我最喜欢和她做的事情之一。用背巾把她抱起来的亲密感是婴儿车无法给予的。她离我很近，近到可以亲吻、喂食、交流，还能判断她的感受。还有什么比这更好呢？

我带着我的小婴儿，整块背巾就像一个骄傲的徽章，上面写着“我是一个母亲”。我爱他，这是最奇妙的经历，我不会浪费我生命中和宝宝在一起的点滴时光。

我要是早点鼓起勇气尝试婴儿背巾就好了。它带给我和宝宝瞬间的亲密感和纽带是如此特别。我喜欢抚摸她、轻轻拍打她的小屁股，这让我想起了她还在我肚子里的时候。她离我那么近，我整天都能闻到她身上的气味，还能亲吻她。我们都很放松，很开心。

实际上，把孩子背在身上能将我定义为一个真正的母亲。这是我想表达的核心。

不要拿自己和其他妈妈做比较

作为一个新手妈妈，有一件事你必须避免，那就是拿自己和其他妈妈做比较。永远不要用别人的标准来评价你自己，因为即使表面上她们可能会散发出“宇宙超级母亲和女神”的光芒，但其实她们很有可能和你有同样的挫败感觉！将自己与其他母亲相比，会导致你的自信心迅速下滑。你的宝宝不会拿你和其他妈妈比，所以你也不应该这样做！

倾听内心的声音

谈论了这么多，母性本能到底是什么呢？它真的存在吗？你应该倾听吗？答案是，当然存在，应该倾听。当宝宝哭泣的时候，你周围的所有人都告诉你他需要学会自己平静下来，每个人都告诉你不要溺爱孩子，不然早晚会自讨苦吃。可是你内心的那个声音却告诉你，去把他抱起来，你迫切想要紧紧地抱着他，这就是母性本能。这时候遵从你的母性本能才是明智的，本能是你作为新手父母所需要的唯一“指导专家”。正如睿智的本杰明·斯波克（Benjamin Spock）博士所说："我全都是从妈妈们那里学来的。"然而，那些妈妈自己也是在读到他的书之后才确信了这一点。当我们本能地为人父母、倾听孩子的声音时，我们的孩子通常会更平和、更快乐，这反过来又会增强我们作为一个新手妈妈的信心，使所有人在一个美好的、永无止境的积极和爱的循环中成长。这才是为人父母原本的样子，也恰恰是当我们一心追捧最新的育儿热潮或研读专家育儿手册试图成为"模式化父母"时所错过的东西。

为什么世界上所有物种中只有人类需要育儿指导？为什么那些大脑容量更小的其他物种都能在生下多个幼崽之后自行哺乳，保护幼崽的安全，并把它们培养成强壮、健康的成年体，且从来不需要外部的帮助呢？

婴儿温和养育™课程曾对100名新手妈妈进行了一项调查。调查显示，38%的妈妈对初为人母感到不自信，46%的妈妈觉得自己没有得到足够的支持，尤其是来自社会的支持，包括那些帮助新手父母的健康专家。令人震惊的是，在我们的调查中，有一个简单的问题：作为一个新手妈妈，你是否曾收到过违背自己本能的建议？多达82%的妈妈的回答是肯定的，而一些人在回答时还进一步阐述了自己的观点，比如：

> 我们承受着很大的压力。如果我和我的丈夫没有自学，或者没有助产士的支持，那些来路不明的建议会让作为新手父母的我们不知所措，我们甚至可能会采纳这些建议。

> 有人告诉我，我母乳喂养得太多了，安抚得太多了，晚上也没有给他足够的时间自主入睡。有人告诉我应该给他喂嘉胃斯康*，但最后

* 译者注：嘉胃斯康，一种防吐奶反胃冲剂，舒缓婴儿吐奶。

发现他其实是牛奶蛋白过敏。

当我的孩子哭个不停的时候，我被告知宝宝都是这样，我应该去习惯。但很明显，作为一个新手妈妈，我很敏感。

别人告诉我孩子哭的时候不要管他，可是我不想那样做，我只是想要有人支持我。

统计结果表明，调查样本中 82% 的新手妈妈作为母亲的角色被社会削弱了，她们被告知自己的感觉是错误的，并在该做什么和想做什么之间左右为难，很可悲的是，我们还在继续压抑我们最强大的育儿老师——母性本能。

科学和母性本能

有趣的是，科学支持母性本能的观点，但是关于母性本能是什么以及它是如何发挥作用的解释却大相径庭。我非常难过，因为科学认为母性本能是需要被证实的。当我读到最新发表的研究论文时，我脑子里压倒一切的想法是：真的需要通过昂贵的研究来证明这一点吗？然而，我们就是生活在这样一个沉迷于随机化*的社会中，如果没有双盲安慰剂对照试验**表明其有效性和可靠性，那么事情就可能不是真的。这再一次反映出我们距

* 译者注：随机化，指每个被试以相同的概率分配到预先设定的几个处理组中，它是统计学推断的理论基础。

** 译者注：双盲安慰剂对照试验是一组病人服用试验药物，一组病人服用安慰剂，但研究者和病人都不知道每个病人分在哪一组，也不知道何组接受了实验治疗。这样做可以有效避免来自被试和研究者的偏倚。

离本能、直觉，甚至常识有多远！

回到科学方面，正如你所猜测的那样，在天性论和教养论的争论中，双方存在着巨大的分歧。天性论认为，母性本能是自然而然的过程，可以说是遗传的印记；教养论认为，母性本能是后天培养的过程，是环境塑造的结果。这两种假说都提供了令人信服的证据，但我认为，后天培养这一观点略领先于先天遗传的观点。

科学家发现[1]，与其他宝宝的哭声相比，妈妈们听到自己宝宝的哭声时，大脑的大部分区域都比爸爸们表现得更加活跃。科学家甚至确定，在宝宝哭闹时，大脑某块特定的区域在引发母亲行为和动机方面起重要作用，研究人员将这个区域中的系统称为“母性回路”。心理学家杰弗里·洛伯鲍姆（Jeffrey Lorberbaum）博士说：“长期以来，传统观点认为本能上母亲比父亲对宝宝更加敏感，尤其是对自己的宝宝，我们的研究表明这是有可信度的。母亲们可能对自己的宝宝非常敏感，因为她们激活了大脑的广阔区域，这些区域在啮齿动物的母性行为中起重要作用。父亲的应对行为可能就没那么深的根基，而且是一种后来进化的现象，因为父亲在应对宝宝哭喊时只会激活大脑中负责感觉辨别、认知和运动计划的区域。”

继续这一主题。来自美国弗吉尼亚州的一个研究小组对老鼠进行了研究[2]，发现老鼠母亲的大脑能够对母性的新需求做出反应，进而让它们以更丰富、更强烈的行为方式做出回应。第二个重大发现为：初为人母的女性必须经历许多以前不熟悉的行为。心理学家克雷格·金斯利（Craig Kinsley）博士研究了雌性老鼠的捕食行为，并将从未生育过的老鼠和正在哺乳的老鼠进行了比较：实验者剥夺了老鼠的食物，然后将蟋蟀和老鼠放在一起。为了获得食物，老鼠必须捕捉并杀死蟋蟀。金斯利的团队观察到，在动物世界里，捕获猎物的能力提高代表着母亲离开易受攻击的幼崽的时间减少，而这种易受攻击的时间减少意味着幼崽死亡率降低。金斯利的研究结果证实了这一点——从未生育过的老鼠捕捉蟋蟀的时间约为 290 秒，而有哺乳经验的老鼠只需要约 70 秒。谈到他们的发现，金斯利说："雌性哺乳动物的大脑在辅助和支持生殖方面表现出了极大的可塑性和创造力，换句话说，母性是后天的，而不是先天的。"

然而，人类学家萨拉·布拉弗·赫迪（Sarah Blaffer Hrdy）教授对上面的观点提出了异议。她基于对灵长类动物 30 多年的研究，认为母亲照顾宝宝的意愿取决于她想做母亲的愿望以及她和宝宝在一起的时间。虽然她承认母性的自然反应是存在的，但她相信这些反应是受生理条件限制的，并不是真正的本能。她说："一个致力于做母亲的女人会爱任何一个孩子，不管是不是她自己的孩子；一个没有做好准备做母亲的女人很可能不会爱任何孩子，哪怕是她自己的孩子。"

俄罗斯的一项研究[3]发现，即使是 2 岁的女孩也具有母性本能。研究结果表明，母性本能通常在 2 岁就开始表现出来，其表现形式是玩娃娃，研究人员认为这种行为在 3 ~ 5 岁时达到顶峰。研究人员还发现，玩娃娃的行为是在潜意识情况下发生的，他们认为家庭观念是在孩子刚达到学龄时就形成了。

然而，有趣的是，科学研究也表明母性本能在怀孕期间已经出现，也就是说它出现在婴儿出生之前。美国杰克逊市的科学家[4]研究比较了三种方法——超声、临床评估（医生的触诊）和母性本能——对胎儿体重的预测。在这三种方法中，母性本能是迄今为止最准确的，近 70% 的母亲准确地预测了自己孩子的体重，误差在宝宝出生体重的 10% 以内，这实在令人印象深刻。

约翰斯·霍普金斯大学的研究人员对类似的主题进行了一项研究[5]，他们让 104 名孕妇预测自己孩子的性别。研究结果表明，受教育超过十二年的女性，预测胎儿性别的准确率是 71%，令人惊讶的是，那些基于如做梦或感觉等心理因素的预测结果比那些建立在诸如如何怀上孩子等外部指标基础上的预测准确率更高。科学似乎认同母亲们确实具有一种本能，要是她们自己也能相信就好了！

对母性本能的担忧

在我与新手妈妈们谈到母性本能时，我最主要的担忧在于以下两点：

首先，有一些妈妈听从了部分专家的育儿建议进而无视了她们自己的母性本能，并采用某种程度上看起来更优越的方法养育孩子，由此她们每天都在与内心的矛盾做斗争；其次，有些母亲认为自己原本就没有母性本能，也无法了解自己的孩子。

我认为这些问题主要归因于三个方面：第一，新手妈妈们从别人那里得到的建议太多，以至于忽视了自己的本能；第二，社会没有为新手妈妈们提供她们真正需要的支持；第三，我们没有足够重视母性本能的价值。这三个因素综合在一起，导致新手妈妈们对自己的新角色感到不自信和缺乏安全感，因此她们试图通过向专家学习来找回自信与安全感，然而她们所学的知识却可能进一步削弱她们的信心和本能。讽刺的是，这种对育儿能力迫切提升的需求，反而加速了母性本能丧失，形成恶性循环。

解决办法

对我来说，消除对母性本能（或自认为缺乏母性本能）这种担忧的办法很简单：先让新手妈妈把专家推荐的育儿书扔到一边，然后再给她们提供支持——帮助她们做饭、打扫，但不要帮她们带孩子，还要告诉她们做得很棒，并倾听她们的恐惧、担心、兴奋和幸福，理解一位母亲所做的那些了不起的事情，但是请不要提供建议或评论。我们不能再把做母亲看成二等职业了。当“全职妈妈”不得不在一些表格上填写“家庭主妇”时，她们会是什么感觉？母亲们明明做了很多事情，但她们常常认为自己做得还不够。

娜奥米·斯塔德伦（Naomi Stadlen）在她的书《母亲的爱》（*How Mothers Love*）中写道：“了解一个孩子需要时间，这是一个特别的过程，妈妈们正在尝试了解一个全新的未知的人。她们最早的变化往往很细微，不易察觉，她们甚至可能没有意识到这些进步。”她还说：“这些妈妈都读过育儿方面的书，但这些书绝大多数是关于婴儿的普遍情况的。当一位母亲对照自己宝宝的情况和自己的理想预期时，这些书就没有参照价值了，她得一个人孤独地走这条独一无二的路，前路漫漫，不知崎岖。然而，这似乎才是作为母亲的一个有价值的开端。这使她能够从独立自主的立场出发，从独立自主中学习也许更容易。”

最后，在养育孩子的过程中，我们需要少听从大脑，多倾听自己的内心。最重要的是，还要去倾听我们的孩子，因为他们才是打开我们母性本能的钥匙。作为著名的驯狗师（是的，一位驯狗师），塞萨尔·米兰（Cesar Milan）在《成为团队领袖》（*Be the Pack Leader*）中说：“人类的生活失去了平衡。人类首先是动物，其次才是人类，而我们正在失去作为动物的本能（直觉）。本能其实就是常识……但我们是理性和逻辑的主人，我们几乎完全通过语言来交流，我们通过互联网和手机发送文字信息，我们读书、看电视，我们毫不费力地拥有比以往任何时候都多的信息和资源，这让一些人几乎完全生活在理性的思考中。我们沉湎于过去，又幻想未来。太多时候，我们变得如此依赖理性，以至于忘记了我们生活的这个神奇的世界还有很多很多其他的东西……不过幸好我们本能的自我依然深藏于心，等待着被重新发现。”

既然这样，那么如果我们信任宝宝呢？如果我们好好看看这些婴儿，问问他们需要什么呢？如果我们学会相信这一点——就像塞萨尔所说的“我们本能的自我依然深藏于心，等待着被重新发现”呢？这会改变我们为人父母的方式吗？如果我们的父母也是遵从本能来抚养我们的，会怎么样呢？这种方式会代代相传吗？你会是改变我们未来养育方式的那个人吗？我想这会带来巨大的变化。

我在工作中遇到的许多母亲都讲述了她们是如何学会相信自己的直觉，成为自己的专家的。然而，当我想到母性本能时，总会先想起下面这个故事。克莱尔－路易斯的故事是我在婴儿温和养育™工作坊培训新教师时反复讲述的一个故事，在后面的章节里也会提到更多她的故事的细节。

克莱尔－路易斯是英国人，她的丈夫是埃及人。我仍然清晰地记得那天我们聊起她作为一个母亲，对比自己在英国与在埃及生活经历的事情。

克莱尔－路易斯的故事

我在20岁出头的时候做过一段时间的保姆，所以自认为对婴幼儿成长有很多经验，我完全不担心自己在照顾孩子的实务方面会遇到问题。事实上，和大多数人一样（不管他们是否有经验或知识背景），我对养育孩子的“对”和“错”已经形成了自己的看法。因此，当我去国外生活时，先是在马德里，然后在迪拜，后来又去了埃及，我都会对孩子半夜不睡觉，孩子和他们的父母一起去餐馆或其他公共场所这类事情感到焦虑。这个时间早就该睡觉了吧？这应该是属于父母自己的时间吧？小孩子应该晚上7点上床睡觉，一直睡到早上7点，不是吗？

这种看似“轻松”的育儿方式让我感到困扰，我觉得这些父母肯定漏掉了什么。然而，有一件事我确实很喜欢，那就是我所感受到的更大的“归属感”——一个开放的大家庭，一家人在一起度过许多时光，三四代人享受彼此的陪伴。细细思考，到底是我们西方传统的生活方式更好，还是这种“进步”的家庭关系更为优越？回想起来，这就是我一些思想的萌芽，并最终让我在怀上女儿的时候有意识地选择了一种养育方式：相信自己的直觉，而不是别人对我的期望。

在我怀孕期间的研究和阅读过程中，我偶然发现了亲密育儿的概念，一切都出现得刚刚好。从某种意义上说，这似乎很荒谬——当谈到如何满足一个婴儿的简单需求时，我应该相信我自己的直觉，回归本源，给予爱、触摸和依赖，甚至都应该排在营养之前。另一方面，伴随我成长的价值观和思想是如此根深蒂固，以至于我从来没有质疑过它们是否真的是“最好的”。我们的社会如此鼓励独立这件事情，所以我们都希望小婴儿尽早独立，以至于让一个无助的婴儿在母亲安全可靠的臂弯里茁壮成长都变成了难以想象的事情。

我记得我第一次去一位小叔子家的时候，看到他一岁的女儿和他们同住一个房间，房间里有和大床拼接的婴儿床，我第一次看到那样的场景。当然，当时我认为那样做是一个很大的错误，而且我肯定对我的丈夫说了类似“他们一定会自作自受”这样的话。

后来，当我开始和我的丈夫谈论我新发现的关于亲密育儿的所有令人兴奋的想法时，他明显无动于衷。我得到的所有“启示”都是他从未质疑过的。母婴同室（当然，他们不会用这个名词，不过他们就是这么做的）；恰当地回应孩子的需求或哭闹，并了解到某种需求只存在于婴幼儿阶段——是需要，而不是想要，这并不稀奇；当宝宝哭的时候，要把他抱起来。为什么要和宝宝分房睡？你认为宝宝会用他们的需求来操纵你吗？他觉得这个问题特别好笑，不过我告诉他很多人都是这么想的。

我的婴儿时期曾接受了 6 个月的母乳喂养，如果可以的话，我也想母乳喂养我自己的孩子。为什么我不能？有一小部分女性不能母乳喂养

（不包括那些不选择母乳喂养的人）。但为什么很多西方人会放弃母乳喂养呢？不能母乳喂养的人非常少，绝不是大多数。相比之下，在埃及，母乳喂养压根就不是需要讨论的话题，它是所有母亲喂养婴儿的正常方式。我现在知道，这不仅受到必要性（例如成本）的影响，或许还受到文化的影响。不过，对于新手妈妈来说，是否纯母乳喂养最主要是取决于她们的母亲、祖母、姐妹，甚至邻居等如何喂养她们的婴儿。

很不巧的是，我生女儿的时候，丈夫还在埃及，没能见证女儿的出生。当女儿3周大的时候，我第一次带她去见她爸爸。我们和他在埃及的家人住在一起，根本没有人问过我宝宝“好不好”或者“能不能睡整觉”。有很多女性给了我关于母乳喂养的建议，但没有一个提到母乳不足、补奶，或者为了让宝宝睡整觉而用奶瓶给她喂“迷糊奶”（夜里给宝宝喂奶但不叫醒她）。

不管你是来自埃及、英国还是世界上其他任何地方的新手妈妈，在分娩之后最初的几周或几个月里，你基本上都是脆弱敏感的，即使是善意的建议，也会在这时让你心烦意乱。压力总是存在的，无论是来自社会、家庭、媒体还是你所处的环境，你都需要重新找到合适的平衡点，知道什么时候该信任自己，什么时候该寻求支持和鼓励。

我在埃及注意到的最深刻的差异是母亲的价值，母亲在那里受到极大的尊重，承担母亲的角色被看作是对一个女人的塑造，而不是对她事业的破坏。就我而言，我感到极其荣幸，作为一个养育、爱护、保护和照顾孩子的妈妈，我是受到祝福的。

第二章

了解宝宝的需要

尽管书店里可能已有 6000 多种育儿书籍了，但育儿这片领域仍需要摸索，没有人知道真理何在。你需要更多的爱和运气。当然，还有勇气。

——比尔 · 考斯比（Bill Cosby），演员、作家

你觉得宝宝需要什么?

如果你追随现代社会的育儿潮流，那么宝宝将需要以下一系列的“装备”：昂贵的日用品、为宝宝设计的家具、一辆无所不能的童车、各种刺激感官的玩具、教育 DVD，带有各种音调的电子摇篮曲和穿着不同衣服的可爱玩偶，更不用说各种护肤和助眠的乳液与药品。对于许多女性来说，评判是否为“好母亲”的标准与她们的早教花费直接相关。我曾花了 1000 英镑给我第一个孩子买了一张手工制作的婴儿床，虽然也因此产生了负罪感，但自此我陷入了对购物的狂热而无法自拔，直到刷爆信用卡！ 2011 年，美国知名网站的孕婴研究组调查数据显示，新手爸妈们仅在宝宝出生第一年的平均花费就高达 4294 美元！

宝宝真正需要的东西其实很简单，他们需要食物、温暖和庇护，还有作为父母的我们。他们有意识、有思想，能感知细微事物，就像我们一样。他们的需求如此简单，却又如此容易被误解。生育心理学的先驱大卫·张伯伦[6]说：“几个世纪以来，新生儿一直试图让我们相信，他们和我们一样，是有知觉、感觉，会思考的人类。成千上万年以来，人们一直认为新生儿是半人、亚人甚至还不能算作人类，这种错误的认知一直困扰着我们……虽然这些旧观念早晚会随着新证据的出现而消亡，但在那之前，数以万计的婴儿会遭受不必要的痛苦，因为他们的父母和医生不知道他们原本就是一个完整的人。”

你身体里的世界

回想宝宝出生之前，你快要生产时，宝宝在子宫里的环境是怎样的？那里是潮湿、温暖的，更重要的是，羊水是恒温的——直到他出生的那一刻，宝宝才产生冷和热的知觉。他在你身体里摸到的每一件东西，不管是他自己、你的子宫壁还是他的胎盘，都是柔软且温暖的。直到他出生的那一刻，他才知道皮肤触碰到冰冷的塑料或金属以及被粗糙的织物摩擦是什么感觉。

宝宝在子宫内是浑身赤裸的，想象一下他刚穿上衣服的时候，会是什么感觉？当他想要吮吸拳头时，却发现嘴巴里竟然是手上戴的防抓手套，会感到多么沮丧啊！在子宫里时，宝宝体验不到重力的作用，在水环境里他可以自由地旋转，而出生以后，他身体所受到的重力使他无法像以前那样自由活动。在子宫里时，宝宝能一直听到你的心跳声、脐带供血的嗖嗖声、消化食物的隆隆声和你说话的嗡嗡声，这些声音是恒定不变的。而出生后他必须过渡到一个时而极其嘈杂，时而极其安静的外部世界，有那么多新的声音需要接收，而让他安心的那些持续的“噪音”在他出生的那一刻就消失了。

子宫里是黑暗的，虽然宝宝的眼睛会随着临产而日渐睁开，但他从来没有看到过如此明亮的光线。我们习以为常的气味，对他来说也是全新的体验。有些味道对宝宝来说能够让他们安心，比如你的体味、汗味、母乳喂养的奶香味；而有些则不是，比如香水、沐浴露、空气清新剂、柔顺剂等的气味。

最后，也可能是最重要的一点，当宝宝在你的子宫里的时候，他一直和你有身体接触。他总是被包裹着，他长得越大，你的子宫给他的拥抱就越紧，直到出生他才会跟你分开。这也解释了为什么那么多宝宝喜欢一直被抱着，并且只有躺在你怀里或身边的时候才会安静下来。宝宝在出生后的几个小时里，从一直与你有身体接触变成一个人躺在婴儿睡篮里，想象一下那是什么感受。

这些年与我合作过的一些母亲谈论了自己的宝宝出生前后经历的转变，通过了解宝宝所体验的巨大变化，有助于她们更好地理解宝宝的需求：

> 我的第二个孩子出生时非常重，大约5千克，他看起来总是很不安，尤其是累了的时候。我相信这是因为他在子宫里就已经非常习惯于被“束缚”了，所以他需要花一段时间才能适应外界的“自由”。襁褓使他有安全感，帮助他快速入睡，于是这就成了我们每天睡觉时的习惯，他真的很喜欢被包裹在襁褓里。

> 我的宝宝很喜欢和我一起洗澡，浸泡在几乎淹没他的温水中，我觉得这让他想起了他出生之前的生活。当我们外出的时候，他能如此放松、平静地趴在我怀里吃奶和入睡。真幸福啊！

在《未出生宝宝日记》（*The Diary of an Unborn Child*）中，作者曼努埃尔·大卫·库德里斯（Manuel David Coudris）试图讲述子宫里婴儿的世界。他写道：“妈妈，我看不见你，不知道你长什么样，也不知道你是谁，因为我在你的身体里面！我体验着自己的世界、自己的感受。因为你和我说话，我想听到你的声音，所以我们已经打开了彼此的门，从容地触碰着彼此……你的身体里面，你的食物，你的晃动，你的血液和你的骨头——你的整个身体现在就是我的宇宙。”

现代社会的误解

我们的身体的确是宝宝的整个世界，可是我们仍然好奇，为什么每次试图把他们放下独处时，他们会一直哭；为什么他们只有在我们怀里时才能睡得香，而一旦把他们放在婴儿床上，他们几乎立刻就醒了。我们觉得应该教宝宝“自主入睡”，不应该抱着睡，应该在他们醒着的时候把他们放到床上去。在我看来，这是对宝宝需求的一种可悲的误解。

在 1999 年出版的《英国超级保姆的实用育儿经》中，作者吉娜·福特写道：“在宝宝入睡时间之前都可以抱着他，但尽量不要抱睡，因为这样会使他产生错误的睡眠联想，并且依赖抱睡……如果你的宝宝已经做好了入睡准备，已经吃饱并拍过嗝了，让他哭一小会儿也没问题。如果父母让宝宝在很小的时候就学会自主入睡，那么宝宝长大一点时，就不怎么需要进行睡眠训练了，因为他已经学会分辨所有与睡眠联想无关的事了。”

直到今天，我们发现宝宝需要的不仅仅是吃饱后拍嗝（以防胀气）来保障睡眠时的安全，他们还需要亲密的身体接触，因为拥抱对于他们来说和食物一样重要，爱对宝宝的营养价值如同牛奶，没有这种接触他们就不能茁壮成长。

研究表明，在宝宝很小的时候满足他们的需求，可以让孩子的童年以及他们成年后的心理更加稳定健康。正如世界著名的产科医生兼作家米歇尔·奥登特（Michel Odent）博士在他的著作《原始健康》（*Primal Health*）中所说：“母婴关系与文化相互作用，因此，早期的母婴关系受到帮助或阻碍，会对整个文化产生影响。”这种依恋和结合的概念非常重要，我在后面用了整整一章来讨论这个主题（详见第八章）。

狩猎采集时期的婴儿

从进化的角度来看待婴儿，我们大概更能意识到现代社会和专家的某些观念是错误的，特别是当我们把时间溯回8000年前，也就是狩猎时代。在那个时代，男人们会一连离开几个小时去打猎，而女人们则会聚集在一起，寻找可以吃的植物。为了方便有更多时间觅食，母亲常常把宝宝绑在自己身上，因为她们不能长时间离开宝宝。与其他哺乳动物相比，人类母乳的脂肪含量相对较低，消化速度也相对较快，这意味着人类母亲无法长时间远离婴儿。母亲们不得不带着她们的孩子，不像男人们可以独自外出几小时，或者像狼一样离开已经吃饱的幼崽独自外出狩猎。人类婴儿必须和母亲在一起，这是由我们的基因决定的，可是现在我们作为母亲却如此激烈地抗争，这种抗争使抚养宝宝对于我们来说变得更加艰难。

印第安纳州圣母大学心理学教授达西娅·纳瓦韦兹（Darcia Narvaez）最近的研究[7]表明，狩猎社会中的孩子具有更健康的心理、更富有同情心、有更高的道德水平和智力，这与那时普遍的养育方式有关。纳瓦韦兹教授说："当今抚养孩子的方式逐渐剥夺了他们的幸福和道德感。"

威廉·西尔斯（William Sears）是八个孩子的父亲，也是写了三十多本关于儿童护理书籍的作家，还是加州大学欧文分校医学院儿科临床的副教授，他总结道："西方文化中的育儿方式与'原始'社会的育儿方式大相径庭，所以现在我们的孩子哭得更多！"

《族群概念》（*The Continuum Concept*）的作者琼·利德洛夫（Jean Liedloff）曾与南美洲丛林里的雅卡纳部落一起生活，她在书中多次谈及部落婴儿的需求。在文章《怀抱阶段的重要性》（"The Importance of the In Arm Phase"）中，她说："我开始意识到，人性并不是我们从小被教导要相信的那样。雅卡纳部落的婴儿根本不需要安静的环境去睡觉，他们感觉累了就会幸福地睡着，尽管那些带他们的男人、女人或哥哥姐姐们在跳舞、奔跑、散步、叫喊或划独木舟……”我们要明白，努力学会回归本源，遵循本能，倾听你的宝宝，才是作为一位母亲真正需要做的。

正如印第安纳州圣母大学的人类学教授、母婴睡眠行为研究中心主任詹姆斯·麦肯纳（James McKenna）博士[8]所说：“婴儿需要持续的关注和与他人的接触，因为他们无法照顾自己。与其他哺乳动物幼崽不同的是，婴儿直到长大一些才能够自我保暖、活动和进食。正是婴儿在出生时极度的神经不成熟和缓慢的成熟机制使得母婴关系如此重要。”也许这样就不难理解婴儿了——他们的需求很简单，只要我们认真倾听。

用“婴语”沟通

我们如何学习婴儿的语言？这对初次生育者来说是一个全新的领域。你是否遇到过经验丰富的母亲，比如你的妈妈、姨妈或祖母，她总是知道宝宝的需要，知道如何让宝宝平静下来。很多人说我“对付宝宝很有一套”，新手妈妈们也经常说希望她们能有我这样的“技能”。我在这里必须承认，我并没有什么特殊的技能，一开始我不会说“婴语”，也不具备婴儿手语的魔力。唯一的不同可能就是我作为四个孩子的母亲已经有些年头了。记住，没有人比你更了解你的孩子，即使目前你可能不这么认为。

我经常在我的工作坊中问新手妈妈们这样一个问题：宝宝有没有发出什么特殊的声音或动作来表明他们的某些需要？以下是她们的一些回答：

> 当他这样拉耳朵的时候就表示他困了。如果我错过了这个信号，他就会过度疲劳并变得暴躁；如果我一注意到拉耳朵的动作就帮他入睡，一切都会很容易。

当她想吃东西时，她会用舌头做这个搞笑的动作，就像蜥蜴一样快速地把舌头伸出去又收回来。

这些母亲正是刚开始因自己不了解宝宝而感到失望的那群人，她们那时还没有意识到自己已经和孩子进行了多少交流！

要记住，你的宝宝是独一无二的，他的交流方式也是独一无二的，理解他的需要的最好方法就是设身处地的观察和倾听。下面有一些信号是我在自己的和其他宝宝身上发现的，但这并不意味着你的宝宝也会这样做，或者即使他这么做了，也不一定表达相同的意思，我只是希望它能够帮助你开始注意到自己的宝宝发出的行为信号。

婴儿可能会表达的行为信号

拉耳朵	可能表示宝宝累了
打嗝	可能表示宝宝累了
厌恶地凝视	可能表示宝宝很累或受到过度刺激
蹬腿	可能只是不开心时的一种反射行为，也可能是腹痛
皮肤发红	可能是宝宝哭了太久或过热，也可能是疼痛或便秘
唇线发蓝	可能表示宝宝胀气了
伸出舌头	可能表示宝宝饿了
把拳头放进嘴里	可能表示宝宝饿了
觅食反射 *	可能表示宝宝饿了
坐立不安	可能表示宝宝饿了

（*译者注：觅食反射指宝宝受到刺激而产生的头部转动和吮吸反射）

婴儿可能会发出声音提示

婴儿刚开始哭的时候，你也许能分辨出他们不同的哭声，例如，因为疼痛发出的哭声听起来可能和疲倦的哭声完全不同。可是一旦哭声升级成强烈的尖叫，就很难找出是哪里出了问题。所以了解宝宝初期的哭声线索会对以后有巨大的帮助。宝宝会自然地在某些事情上发出特定声音，并且随着他们年龄的增长，这些声音会越来越明显，所以花点时间认真倾听是很有意义的。

普里西拉・邓斯坦（Priscilla Dunstan）在她2010年出版的《了解孩子：如何说婴语》（*Child Sense: How to speak your baby's language*）一书中称，从出生到三个月，婴儿会做出声音反射。邓斯坦认为，我们都有反射，比如打喷嚏、打嗝，当声音被加到这种反射上时，反射信号就会形成一种可识别的模式。这被称为“邓斯坦婴语”。

生长爆发期

在你认为开始了解宝宝的时候，事情往往就会发生变化。许多父母担心这些变化是因为他们做错了什么，但更多情况下其实是宝宝的生理原因所致——宝宝的大脑在出生第一年会快速发育和生长。新生儿的大脑容量大约是成年人大脑容量的25%。宝宝的大脑忙于建立新的联结（神经通路），学习新事物并改变对周围世界的看法。这些发育变化看起来并不明显，以至于许多新手妈妈都怀疑是不是自己做错了什么，才导致宝宝睡眠质量下降或又回到了像新生儿一样的进食方式。

我们需要意识到我们的世界对于新生儿来说是多么可怕，只有了解他们的感受，才能够让他们平静下来。当宝宝在经历生长发育时，他们像婴儿期早期那样寻求安慰就不足为奇了。作为家长，在宝宝经历生理和心理剧变的第一年里，为他们提供所寻求的安慰，让他们在过渡时期尽可能少受创伤，就是我们能给宝宝的最大支持。

宝宝可能正在身心发育的变化迹象包括：

- 更频繁的进食
- 更频繁的夜间醒来
- 更多“黏人”的行为
- 变得挑剔、不开心
- 原本能够自主入睡，现在却需要额外的帮助
- 白天小睡模式可能会改变（可能更多或更少）
- 可能开始不喜欢他们以前喜欢做的事情

生长高峰通常出现在前六个月

年龄	可能会发生的变化
4周	在这个阶段，宝宝的视力发生了变化，他们可以看得更远、更清楚，视觉焦点从眼角转向中心。特别的是，婴儿可能出现所谓的“视觉障碍”——盯着某个东西无法移开视线。
8周	大脑的情感中心开始起作用了——宝宝会微笑，甚至有可能会大笑，而且对周围的环境更加敏感。他们开始产生联想（例如，看到奶瓶或乳房时，他们就会想到食物）。
12周	宝宝能更好地控制自己的身体，他们可能会经常吃手——这是正常的发育阶段，但经常与出牙混淆！令人沮丧的是，宝宝并不能一直自控，尤其是他们想扔东西的时候！
18周	宝宝对世界的理解更加丰富了，他们大脑的社交中心也开

始发挥作用。然而，他们的大脑仍然相对不成熟，还不能用词语表达感情。18 ~ 24 周一直被认为是婴儿容易极度沮丧的时期。

弗兰·普卢伊（Frans Plooij）博士在他的著作《奇迹周：揭示宝宝每周成长指南》（*The Wonder Weeks：A Stress-Free Guide to Your Baby's Behavior*）中进一步阐述了这一概念，他说："我们的研究表明，孩子哭个不停这件事，或多或少地困扰着所有父母。事实上，令人惊讶的是，所有正常的、健康的宝宝在同龄人中反而更容易哭闹、挑剔、找麻烦。当这种情况出现时，他们可能会让整个家庭陷入绝望，可这些变化恰恰使宝宝学会许多新技能，所以我们应当为此而庆祝。关键是与他们共情并试着理解他们可能正在经历的变化，理解他们为什么在这个不安的时期更需要我们。"

2009 年，凯丽和她刚出生的儿子山姆加入我的班级。我记得凯丽和我的第一通电话，她听起来很悲伤，通话中大部分时间都在流泪。她第一次来的时候，表现得很安静、沉默寡言，她儿子也一点都不开心，跟妈妈一样，而且一直哭。凯丽显然很爱她的宝宝，但却不知道他需要什么，这让我非常难过。在我接触过的所有妈妈中，我认为凯丽对我的影响最为深远。她现在已经是两个孩子的母亲了，她和宝宝们非常亲密，孩子们快乐地茁壮成长。她的蜕变真是一件让人开心的事，如果你不知道之前的故事，你会认为凯丽"生来就会当妈妈，一切都是那么自然而然"，但事实并不是这样。

凯丽的故事

我以为我已经准备好要孩子了。我们上过分娩班，读过育儿类图书和杂志，了解过所有的“待产清单”。我很幸运地选择了水中分娩，能最大限度地减少疼痛，但回过头来看，这段经历仍然给我带来了巨大的创伤。健康专家、儿童保育专家的书籍，善意的家人、朋友，甚至完全陌生的人给我的建议都是相互矛盾的，这让我疲惫不堪、备受压力。我感到不知所措，仿佛自己身处在一个完全不同的世界里！

我的儿子山姆只有几个星期大的时候，我告诉健康顾问，晚上我们把宝宝放在床上的时候，他尖叫了大概两个小时，健康顾问推断他是肠绞痛。所以在他6周大的时候，他已经服用了很多治疗胃反流的药物。令人高兴的是，在互联网上寻求帮助时，我发现了婴儿温和养育™课程。我第一次参加讨论会时，心情是紧张、焦虑的，但这之后，我更加平和、自信了。

在课程结束的时候，作为一个母亲，我感到更加自信，相信我能用自己的直觉和能力为山姆做正确的事情，并倾听他想告诉我的事情。学会裹婴儿背巾*是我最喜欢的事情之一，这对我们的生活产生了巨大的影响。我真希望我在山姆刚出生时——甚至在他出生之前就完成了这门课程，而不是在他出生后的几个星期才开始。后来，我又有了一个孩子，头几个星期的经历就完全不同了。

（*第三章和第四章将会更加详细地介绍婴儿背巾。）

第三章

安抚技巧工具箱

宝宝总是比你想象的更麻烦，也更奇妙。

——查尔斯·奥斯古德（Charles Osgood），心理学家当我们进一步了解宝宝和他们的世界时，我们就能理解安抚他们的方法了。本章的建议并不是你必须严格执行的准则，而是你可以尝试的选择。

我并不想让这一章成为能够解决所有宝宝的问题的标准答案。每个宝宝都不一样，他们都是美好的、独特的——但令人沮丧的是，并没有一个简单的公式能让每个宝宝都瞬间平静下来。某个宝宝喜欢的可能是其他宝宝讨厌的，正如对于某位妈妈来说有效的方法可能并不适用于其他妈妈一样。最重要的是倾听宝宝和自己的直觉，才能知道宝宝最喜欢什么。

我整理了一个安抚技巧清单，当你和宝宝还在学习如何相互沟通时，你可以尝试以下常用的安抚技巧（效果不分先后）：

- 婴儿背巾
- 安抚奶嘴
- 运动
- 母婴皮肤接触
- 带宝宝出门遛弯
- 泡澡
- 喂食
- 白噪音
- 裹襁褓
- 飞机抱

婴儿背巾

使用婴儿背巾是让宝宝保持平和与快乐的方法之一。它增加了宝宝处于“放松警惕”状态的时间——这段时间他感到满足，往往也最容易学到新东西。宝宝在子宫里时，他全部的时间都能和你身体接触，可在他出生的那一刻，与你身体接触的时间占比大约会下降到40%。对于新手父母来说，使用婴儿背巾意味着解放双手，这太有帮助了。我的团队中有非常多妈妈对婴儿背巾赞不绝口，这也是我把四个孩子都“穿在身上”的原因。

我的第一个宝宝有肠绞痛，在1984年，使用婴儿背巾是件很奇怪的事情。但我那时常常把他放在婴儿背巾里（他吃饱了但仍在尖叫），然后去洗衣服……洗完衣服时，他已经放松下来睡着了。这个方法屡试不爽。

婴儿背巾救了我。在剖官产后，我就连用双手抱着新生儿都会感觉十分疼痛，而我的宝宝只有抱着才能睡觉，婴儿背巾给我的帮助是无价的。

婴儿背巾是她七个月来唯一一个能小睡的地方，也是在她这么小的时候，我能把她交给她爸爸的唯一办法，因为这能让她平静下来。

我喜欢用婴儿背巾，因为我可以和儿子分享并讲述我的世界。我们都更快乐了——即使他饿了，他在从背巾里出来之前也都不会抗议；他似乎很满足于和我（当然包括我的乳房）亲近，近到我随时都能亲吻他；对了，还有睡觉！他在婴儿背巾里的睡眠时间更长，如果他没有我在身边，最多只能睡45分钟。

婴儿背巾非常棒，我可以长时间抱着宝宝，而且手臂不会酸痛！它还让我能在公共场合毫不尴尬地哺乳。

几个月来，婴儿背巾几乎就是睡眠诱导器。他入睡很困难，但婴儿背巾每次都能让他入睡变得容易。

我很高兴我发现了婴儿背巾。当我累了，并且宝宝不管出于什么原因而不开心的时候，我都会用背巾把他抱起来，到外面去散步，我发现我们俩都会冷静下来，重启到“同步”的状态。另外，这也意味着别人都没办法把他抱走了！

如果你想用婴儿背巾带宝宝，一定要谨慎选择。现在市面上有很多种婴儿背巾，有的质量与效果很好，有的一般。在挑选的时候，基本原则是它要对你和宝宝都能够起到很好的支撑作用——它不应该对你的背部、脖子和肩膀产生压力，同时能够支撑宝宝的身体自然地呈凸“C”形状、腿呈“M”形（或蛙腿状）姿势，保证他的舒适感，并让他的臀部处于自然、放松的位置。为了让宝宝保持生理学上正确和舒适的姿势，婴儿背巾应该恰好包裹到他的膝盖外部以提供支撑，宝宝的膝盖应该总是高于臀部。下图（左）显示了婴儿臀部和腿部正确的“M”形姿势，而下图（右）则显示了当婴儿背巾包好时宝宝身体需要形成的凸“C”状。

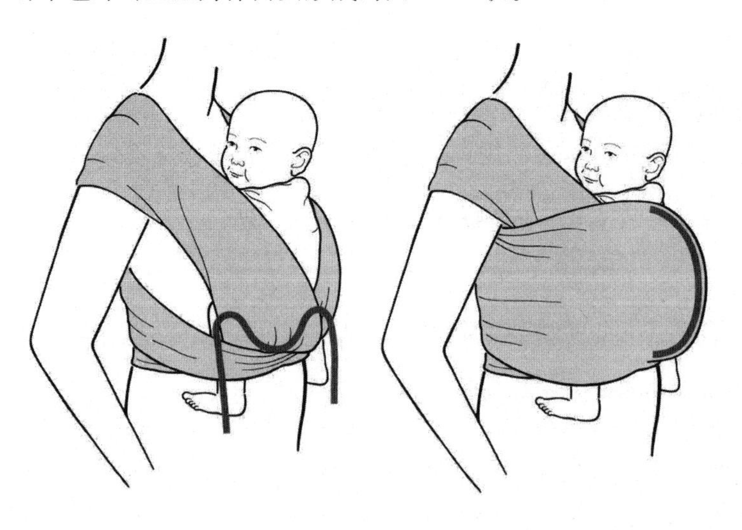

在购买婴儿背巾时，你可能需要考虑以下几个问题。例如，你是否需要将婴儿背巾穿戴在不同体型的人身上？你希望每天使用多长时间？你的宝宝长大一些甚至蹒跚学步时，你愿意重新买一个婴儿背巾吗，还是只想在宝宝最初的几个月使用？你喜欢用什么姿势抱宝宝呢？你想要哪种面料的婴儿背巾？你想要一个能够快速穿上成型的婴儿背巾还是愿意每次都花上几分钟绑背巾？

婴儿背巾和婴儿背带的类型

婴儿背巾一般分为以下几类：

包裹式弹力婴儿背巾

包裹式弹力婴儿背巾适合缺少经验的父母使用，其布料具有拉伸性，对包裹技术要求不高。这种婴儿背巾是一种很长的织物，通常长度为3.5～5.5米，可以随意变换包裹的样式，虽然乍一看很复杂，但实际上练习几次之后就很容易操作了。包裹式弹力婴儿背巾对新生儿来说是很实用的，它能够很好地支撑宝宝，可以一直用到宝宝6～12个月龄（取决于宝宝和婴儿背巾的具体情况）。

包裹式编织婴儿背巾

编织布料具有弹力布料的所有优点，而且它的支撑性更强，因为它不会随着宝宝的体重变大而拉伸，但也意味着父母需要更多的包裹练习。包裹式编织婴儿背巾可用于多种姿势，包括后背式。它可用于学步儿乃至更大一些的宝宝。它是市面上能买到的功能最多的婴儿背巾了。

吊环式婴儿背巾

吊环式背巾很容易穿上，不需要系任何结，只需绕过婴儿头部，通过拉环把布料拉紧即可。吊环通常也由织物制成，以提供支撑。它可以用于学步儿以及更大一些的宝宝（为臀部提供支撑）。不过与包裹式婴儿背巾相比，它的包裹样式要少一些。

口袋式婴儿背巾

口袋式婴儿背巾类似吊环式婴儿背巾，不过它们要么是固定的大小，要么有一个调整装置（如夹子或调节扣）。这种背巾穿起来非常容易，但它在支撑方面就没什么优势了。它可以在短时间内快速穿戴，但不足以支撑长时间的外出。口袋式婴儿背巾往往是最便宜，但最不实用的。

四爪婴儿背巾

四爪婴儿背巾是亚洲风格的婴儿背巾。它类似于包裹式婴儿背巾，有一个支撑的中心布面，四根带子从布面四角伸出，用来包裹和打结。通常比包裹式背巾穿戴起来更快，而且中心布面提供了很好的支撑，而且它经常还包含其他细节设计，比如口袋。四爪婴儿背巾更适合学步期和稍大一些的宝宝，尤其是后背式四爪背巾，但对新生儿来说支撑力是不够的。

软结构式婴儿背巾

软结构式婴儿背巾最类似于在商店中销售的流行婴儿背巾，区别在于它能为宝宝和穿戴者提供良好的背部支撑。它还通过使宝宝的腿保持蛙腿式的姿势来支撑宝宝的膝盖，而不是像很多常见的流行背巾那样“胯部悬垂”。它们是最有“男人味”的，因为有皮带和皮带扣，所以很受宝爸们的欢迎！虽然月龄较小的宝宝可以使用（通常需要额外的支撑物），但它们更适合用在大一点的孩子和学步儿身上（尤其是后背式）。

婴儿背巾使用指南和注意事项

在使用婴儿背巾或背带时，许多父母都倾向于让孩子面朝外，他们认为婴儿需要感受外部世界的刺激，一直面朝大人会使宝宝感到无聊。事实上恰恰相反——对于宝宝来说，当他们面朝外时，看到的世界可能过于复杂或者充斥了过多的刺激。许多宝宝，尤其是月龄小的宝宝，受到过多刺激后很难平复，他可能会变得烦躁，入睡也更困难。

从生理学上讲，将宝宝面朝外抱着，他们的脊椎也会以一种非常不自然的方式弯曲。就像上文提到的，应该让宝宝的脊柱曲线呈自然的凸"C"形。显然，只有在宝宝面朝里的时候，他的身体才能与婴儿背巾自然贴合，并形成更加自然的曲度。而面朝外时，他需要支撑自己，这样会在他的背部形成一个人为的凹陷，并且还会摩擦他的大腿内侧（更不用说会挤压到男宝宝的私密处了）！

一旦宝宝长大一些，你会发现把他背在背上，对你和宝宝都更好，他在你的背上既舒服又能保持自然的身体曲度，他能选择性地观察外部世界，当他累了或者接收刺激太多的时候，还可以把头枕在你的背部休息。

根据相关资料，我建议父母在使用婴儿背巾时遵循以下准则：

• 确保宝宝的背部和躯干能得到很好的支撑。确保宝宝没有因蜷缩起来而导致下巴紧贴胸部或气道被挤压，判断的标准是在宝宝的下巴和胸部之间能放下两根手指。

• 婴儿背巾的怀抱方式设计。设计精良的前抱式婴儿背巾能够将婴儿紧贴在胸前并靠近穿戴者的脸。

• 随时观察宝宝，确保没有任何东西挡住他的脸或妨碍他呼吸。

• 注意你自己的动作和周围环境。一般来说，不要在穿戴婴儿背巾时做一些抱孩子的人不该做的事情，还要避免碰撞和震动以及靠近热源等其他危险情况。

记住安全指南的一个方法是使用以下英文首字母组成的单词 TICKS（由英国婴儿背巾教师协会使用）：

紧包（Tight）

始终观察（In view at all times）

近到能亲吻宝宝（Close enough to kiss）

下巴远离胸口（Keep chin off chest）

背部得到支撑（Supported back）

下面的图片展示了捆绑婴儿背巾的基本方法。

找到背巾的中点。

把它绕在你的腰上，在你背后交叉，把带子竖起来，一直绕到你的肩膀前面。

把带子穿过你腰间的带子，然后交叉。

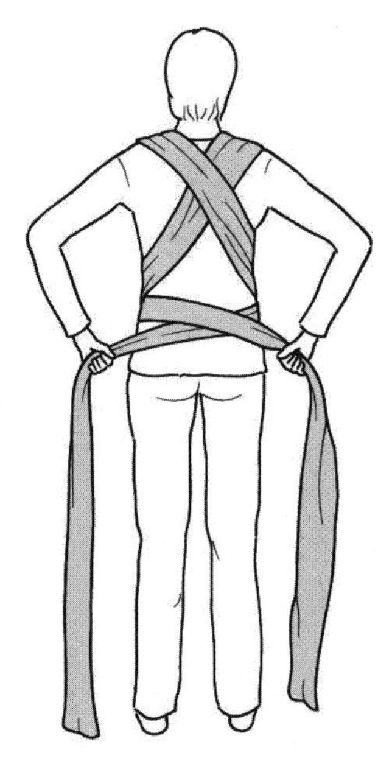

把带子绕到你的腰后面，在你身后交叉，再绕回到前面。

将带子在身体一侧打一个牢固的结。如果绑带长度不够在前面打结，在背部系紧即可。

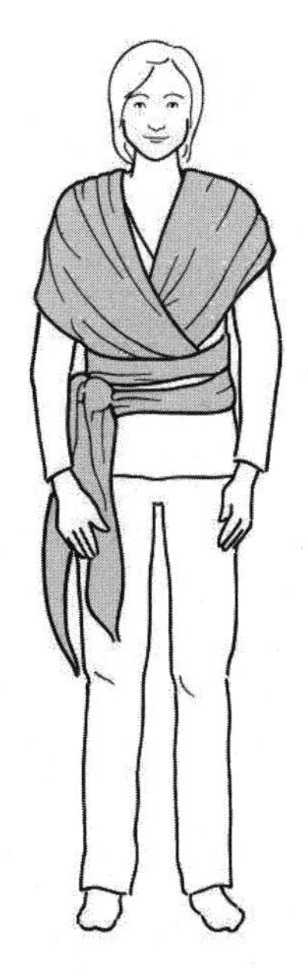

根据第 38 页的图示，将肩上的布料呈扇形散开，使肩膀受力均匀，然后把宝宝放在婴儿背巾里。

对爸爸们来说，穿戴婴儿背巾也是和宝宝建立亲密关系的好方法，如果结合运动，比如跳舞或快步走，效果会更好。宝宝在刚刚使用婴儿背巾时会哭，这是很常见的，但这并不意味着他们讨厌婴儿背巾，这可能只是表示你需要动起来，所以，带着宝宝跳舞吧！

泡　澡

子宫是一个潮湿、温暖的地方，而外部世界是相对干燥和寒冷的，宝宝出生以后，仅仅是生存在外界的空气环境中，就已经在经历巨大的转变了！对于一些宝宝来说，深度的、温暖的（约 37℃）沐浴能够在几秒钟之内让他们停止哭泣，因为这让他们有“回家”的感觉。

对宝宝来说，这是回到熟悉环境的感觉，毕竟他之前在那种温暖潮湿的环境中生活了长达 9 个多月的时间。法国产科医生弗雷德里克·勒博耶（Frederick Leboyer）大力提倡为新生儿提供深度、温暖的沐浴，他在 1974 年出版的《无暴力分娩》（*Birth without Violence*）是一本开创性的著作，书中提供了许多能让宝宝平静下来的有关信息。对于如何让新生婴儿平静下来这个问题，勒博耶是这样回答的：“很简单。宝宝离开了妈妈温暖又柔软的身体，那么我们只要为他找到类似的温暖和柔软的地方就行了。我们不应该把刚出生的宝宝放在冰冷坚硬的金属或粗糙的材料上，而应该把他放进温水里，因为那里如同妈妈的体内一样柔软和温暖！”

你可以买一个桶状的婴儿浴盆，它能够让宝宝进行全身浸泡，而且比普通形状的浴盆更能提供自然的体验，使宝宝更自然地处于胎儿般的姿势，让他更有安全感。不过，我更推荐的是爸爸或妈妈和宝宝共浴，因为一起泡澡能给宝宝提供最多的安全感体验，而且对你来说也很享受。泡澡时能带来很多皮肤接触，这本身就能让宝宝平静下来，正如下面这些妈妈所发现的：

我喜欢和我的宝宝一起泡澡，他也很喜欢，他全身浸没在温暖的水中，漂浮着。然后他常常趴在我身上吃饱并睡着，真幸福。

我喜欢和他一起泡澡，可以有很多皮肤接触，感觉很舒服。

我们是家庭共浴的推崇者！我和宝爸常常有一人和宝宝共浴，浴缸太大了，有时我们会一起挤进去来一次真正的家庭共浴！

安抚奶嘴

安抚奶嘴的使用在英国非常普遍。埃文（Avon）纵向研究[9]发现，在接受调查的10950名婴儿中，近60%的婴儿在4周大的时候就使用过安抚奶嘴。安抚奶嘴的使用可能是育儿界最大的分歧，赞成者们认为安抚奶嘴能使宝宝平静下来，而另一些人则强烈反对。有趣的是，安抚奶嘴在世界各地的使用情况有显著差异：正如我们所见，在埃文的调查[10]中，60%的英国婴儿使用了安抚奶嘴，而在阿拉伯联合酋长国，99.1%的人选择母乳喂养，只有不到1%的人用安抚奶嘴来安抚宝宝。

从积极的方面来看，研究[11][12]表明使用安抚奶嘴可以降低婴儿猝死综合征（SIDS）的风险，尽管没有人知道这是为什么。基于这项研究结果，美国儿科学会和英国婴儿死亡研究基金会建议婴儿每次睡觉的时候都使用安抚奶嘴，以降低婴儿猝死综合征的风险，但也同时建议等母乳喂养一个月并稳定下来以后再引入安抚奶嘴。不过，这种研究方法受到了来自外界的强烈的批评，研究结果也受到了质疑。

哺乳是最自然、最好的安抚，所以如果你正在哺乳，就已经一应俱全了。不过也有许多母乳喂养的妈妈，在宝宝和宝爸独处时，会选择使用安抚奶嘴来帮助宝宝平静下来。你需要意识到，安抚奶嘴可能会影响母乳喂养的效果，并且可能导致宝宝提前断奶。不过，如果你是用配方奶粉喂养，你可能会发现使用安抚奶嘴对你有很大帮助，它让宝宝在没有进食的情况下也能吮吸，从而获得满足感。

出生挤压以及吮吸需求

另一个关于安抚奶嘴可以达到镇静效果的理论，是与生理学中的婴儿颅骨有关的。在分娩过程中，婴儿的颅骨会因挤压而移动并发生重叠，但通常会在出生后几天内恢复到正常的位置，这主要是由婴儿吮吸动作引起的上下颌运动通过上颚刺激婴儿头骨底部实现的。然而，如果婴儿的进食习惯与平时不同或者有更多的吮吸需求，就要注意到他的颅骨受压情况是否异常。还有一种情况，如果婴儿的迷走神经，即与消化系统直接相关的脑神经，在母亲怀孕或分娩时受到压迫，也会对婴儿的消化系统产生明显的影响，导致他出生后易产生腹部疼痛。如果母亲的分娩时间过长，或者宝宝从身体里出来的角度很奇怪，则发生这种情况的可能性更大。

虽然没有科学证据支持这一观点，但有趣的是，许多脊椎指压治疗师和颅骨整骨师都认为吮吸的镇静效果是显而易见的。最近的一篇文献综述中提到[13]：“我们的研究结果表明，脊椎指压治疗是婴儿肠绞痛治疗的一种可行的替代方法，并且符合医学实践原理，尤其是当部分人感觉药物治疗具有一定不良反应且效果并不会比安慰剂出色时。”

何谓脊椎指压及颅骨骨病?

许多父母对婴幼儿脊椎治疗和骨科治疗都非常信赖。这两种治疗方法都是替代医疗的形式，旨在将身体的结构和功能恢复到完全正常，主要是通过徒手操作关节、肌肉和骨骼系统，来进行复位，以达到恢复身体平衡，消除紧张和疼痛的效果。对小宝宝的治疗往往侧重于头骨和颈部，因为在母亲怀孕后期和分娩过程中，婴儿的头部会受到挤压，颈部和脊椎会承受压力。我听到过许多关于这两种治疗方法的积极评价，并且确实给我自己的孩子尝试过，效果很好。我经常建议妈妈们带那些易怒的宝宝接受这类治疗，尤其是分娩过程较长或使用了分娩辅助，比如用产钳、真空辅助阴道分娩或剖宫产的宝宝。

使用安抚奶嘴的潜在风险

使用安抚奶嘴并非没有风险。科学表明安抚奶嘴的使用和婴幼儿耳道感染之间有明确的联系。芬兰的一项研究[14]发现，那些父母了解并限制安抚奶嘴使用的婴幼儿患急性中耳炎（耳朵感染）的概率要比无限制使用安抚奶嘴的儿童低 29%。荷兰研究人员[15]也发现安抚奶嘴的使用是婴幼儿耳道感染的一个风险因素。

研究还表明，如果长期使用（超过两年）安抚奶嘴会导致婴幼儿牙齿畸形。研究人员[16]发现，安抚奶嘴使用者的口腔正畸问题（后牙交叉咬伤）非常普遍，不过要产生这样的后果，安抚奶嘴至少需要使用两年。

还有一项研究[17]发现母乳喂养和使用安抚奶嘴之间存在负相关。然而，另一项研究综述[18]发现，从出生开始或母乳喂养建立后，使用安抚奶嘴的宝宝在4个月以内，无论是纯母乳还是部分母乳喂养，安抚奶嘴的使用都不会明显影响母乳喂养的地位或持续时间。

安抚奶嘴使用指南

• 等到母乳喂养已经稳定建立时再用安抚奶嘴（英国婴儿死亡研究基金会建议母乳喂养的宝宝在出生后的前4周不要使用安抚奶嘴）。

• 只有在宝宝真正需要的时候才给他安抚奶嘴（比如平复哭泣或帮助发脾气的宝宝入睡），等宝宝平静下来就把安抚奶嘴拿走，防止宝宝过度依赖安抚奶嘴。

• 使用特殊的正畸乳头状的安抚奶嘴。

• 试着在宝宝6个月大左右停止使用安抚奶嘴。这时安抚奶嘴已经基本完成使命，长时间使用会让宝宝更容易陷入消极的状态。

• 永远以宝宝为主，如果他不想用安抚奶嘴，就别再坚持，听他们的吧！

喂　食

如果你的宝宝已经饿极了，那么无论用什么方式，都已经安抚不了他，所以你要注意观察宝宝早期的饥饿信号，也就是求食前的迹象。当宝宝哭的时候，其实他已经饿过头了。

我们在第二章已经提到过，婴儿早期的饥饿信号包括：

• 舔嘴唇，砸吧嘴

• 吮吸拳头、嘴唇或舌头

• 蹬腿

• 坐立不安

• 烦躁的行为

请记住，宝宝并不总是需要饱餐一顿的，他可能只是想喝点什么、吃小点心或单纯吮吸。对小月龄的宝宝来说，按需喂养是至关重要的，我在本书（详见第九章）专门介绍了这一点。我们已经知道，除了提供必需的营养，吮吸是给宝宝的终极放松和安抚方式，并且能够帮助婴儿的颅骨在出生后恢复到正常的位置。

我还记得在安静的夜晚，当我坐起身、睡眼惺忪地给我刚出生的宝宝喂奶时，感觉到体内产生了一股巨大的爱（可能是内啡肽），真是令人愉快！

我期待和宝宝一起度过每一个夜晚，每天的这个时候我能把全部注意力都放在他身上——给他喂奶、洗澡、抱着他，让他贴近我的肌肤。这是我们最平静、最幸福的时刻。

运　动

想象一下宝宝出生前的生活——在羊水里打转。回想你怀孕的时候，宝宝是如何在你身体里辗转翻动的，再回想一下你感觉到的所有胎动。失重感和羊水支撑着他小小的身体，让他能够自由移动，这是在他来到“地球”后的好多个月内都不可能重新获得的。怀孕时的子宫是一个不断运动的空间，无痛的假性宫缩会每天多次挤压宝宝，如同给他轻柔地按摩。尤其到了怀孕末期，你动的时候，宝宝也会在你体内移动，你们如此亲密无间。

再想一想，宝宝在出生后的大部分时间里都只能静静地躺着，你抱着他的时候也不能随意动来动去，他的身体已经不能像他在子宫里时那样移动了，这是多么不同。其实这也解释了为什么很多宝宝都喜欢活动，无论是抱在手臂中摇晃着入睡，还是跟着爸爸放的音乐跳舞，或是在奶奶的腿上蹦蹦跳跳。如果你能很好地支撑宝宝的头部和颈部，你就会发现他其实很健壮，也许他喜欢一些更大幅度的动作。你可以试着带他跳舞、左右摇摆、散步或者做一些真正能让他运动起来的动作。

这样做对你也有好处，运动的时候，你的脑下垂体会分泌内啡肽，那是一种天然的快乐激素，也是很好的情绪“兴奋剂”。运动还能增加血清素和去甲肾上腺素的释放，而这两种神经递质水平异常很可能与抑郁症的产生有关。对于许多新手妈妈来说，户外散步简直是救命良药。

在婴儿温和养育™课程班里我们经常鼓励父母带领孩子跳舞，特别是跟随一些欢快的音乐，而且我们发现爸爸们特别擅长带着宝宝跳舞！

几个星期以来，我丈夫每天晚上都陪着儿子跳舞，这是我们能让他停止哭泣的唯一办法。

白噪音

子宫真是一个非常热闹的地方！子宫里的宝宝听惯了从妈妈体内的循环系统持续发出的声音，尤其是妈妈的心跳、消化系统运转和脐带供血的声音。子宫里声音的音量和节奏几乎是恒定不变的，宝宝在习惯于子宫内的所有声音之后，降生到一个相对安静的世界，但却伴有突如其来的、各种各样的噪音，于是宝宝要开始应对很多不同的声音，这是多么令他不安啊！

许多宝宝很喜欢类似子宫里的声音，有一种声音通常可以实现，它被称为“白噪音”。白噪音包含人类可以听到的所有频率的声音。据统计，白噪音包含约 20000 种不同的音调。这种声音频率的组合据说可以模仿子宫的声音，它不仅对宝宝有很好的镇静效果，对成年人亦是如此。

我工作坊里的很多妈妈都说，白噪音能帮助她们让孩子平静下来，效果很让人惊喜：

对我儿子来说，白噪音就像轻触开关。他累的时候常常哼哼唧唧，翻来覆去，他并不是一个只要吃奶就能入睡的宝宝，所以我会用襁褓包着他，把我的收音机调到静音……后来我买了一张白噪音 CD。有一个周末我们一起住在我妈妈家，我的妹妹是一个重度失眠症患者，她当时就住在我们隔壁的房间里，她说那是她睡得最好的一晚，因为她能隔着墙听到白噪音。后来她就在自己的手机里下载了一个播放白噪音的应用程序。现在，即使宝宝已经 17 个月了，我还是会在他不能安心睡觉时打开白噪音 CD，然后他很快就会睡着。我原来对白噪音持怀疑态度，但它确实有效，而且它并不像我们曾担心的那样会打扰我们。

我们在有孩子之前就得到了一台海浪机（一种能发出大自然声音的白噪音设备）作为礼物。当我们有了第一个孩子的时候，我立刻就发现用这台海浪机能安抚他。所以我又买了一个“宝宝版”的，并且每晚都为我的三个孩子把它打开，无论我们去哪里都会带着它。我已经离不开白噪音了！

伦敦夏洛特王后医院的一项研究 [19] 发现，听到白噪音后，80% 的婴儿在五分钟内就能进入睡眠，而在没有白噪音的情况下，只有 25% 的婴儿能在五分钟内睡着。

你不需要花很多钱，就可以用多种方式模拟子宫的声音，包括把你的收音机调到静音状态，在婴儿房里轻轻扫地或者开着风扇。美国的一项研究[20]发现，在婴儿房里使用吊扇可以将婴儿猝死风险降低72%。你也可以买特制白噪音CD，当你的宝宝平静下来的时候，将CD降低音量循环播放。宝宝睡着之后，最好让白噪音持续播放，如同睡前安抚一样，这样白噪音就可以帮助宝宝在一个睡眠周期结束时接着睡觉，不然他很可能会醒来。

母婴皮肤接触

母婴皮肤接触非常重要，这不仅能让宝宝平静下来，还能帮助你和宝宝建立亲密的情感联结。你在产后被鼓励与宝宝皮肤接触是因为皮肤接触能刺激母亲缩宫素的释放，而缩宫素正是可以带来爱和感情的稳定激素。

> 当我们试着母乳喂养时，我喜欢和宝宝一起洗澡，因为会有很多皮肤接触，这帮助我们建立情感纽带，并让他平静下来。

> 我剖宫产生下第二个孩子后，与宝宝通过皮肤接触所产生的情感联结，和我与第一个孩子情感的建立有巨大差异，皮肤接触的感觉棒极了，而且我相信这样做是对的。

这种亲密接触带来的益处并非暂时的，而是可以持续一生的。仔细想想，尽管我们每天都要和宝宝亲密接触很多次，但不大可能进行长时间的肌肤相触。通常，我们抱着宝宝的时候，宝宝或者已经穿好衣服，或者是我们在忙着给他穿衣服、换纸尿裤等。每天抽出一段时间和宝宝进行持续的皮肤接触，就能与他们建立起美妙的情感联结，而实现皮肤接触的一个好方法是婴儿按摩。

维玛拉·麦克卢尔（Vimala McClure）在她的书《婴儿按摩：慈爱父

母手册》(*Infant Massage: a handbook for loving parents*)中写道:“婴儿按摩可以为细心的母亲提供一个更好的养育方式。它的好处远远超过宝宝在身体上的即时享受。如果你定期给宝宝按摩,你就会发现你和孩子之间建立起的亲密关系会持续一生。”

虽然婴儿按摩有很多课程,但其实你并不需要专门学习如何为宝宝按摩,重要的是能够平静地、尊重地、充满爱地抚摸他。在宝宝出生后的最初几周内,给他按摩会变成一段非常特别的时光,正如下面这些妈妈所发现的:

> 这对我来说很自然,我不需要什么理由。我能够反应灵敏地、完整地完成给宝宝的按摩,我觉得宝宝也是一样自然的感觉,对我来说,给他按摩是一件本能的事情。

> 在我生孩子之前,就已经从事了六年婴儿按摩教学,所以现在能给自己的孩子按摩就更加幸福、温柔和温暖了。我爱做这件事!

> 我在他刚出生三天的时候给他做了第一次按摩。那是我第一次看到他光溜溜的样子,真是奇妙。他现在 5 岁了,我仍然定期给他按摩。

婴儿温和养育™课程提供了一个非常简单的婴儿按摩程序,我们称之为“宝宝平和抚触法”。这种抚触法最重要的一点是由宝宝主导。请不要担心它是否完美,因为这些只是非常粗略的建议,你只需要开始行动,然后探寻适合你和宝宝的抚触方式,享受和宝宝在一起的这段特别时光。记住,你不必成为按摩专家。

婴儿温和养育™课程中的简易八步婴儿抚触法

开始之前，确保房间内足够暖和，你要摘掉首饰、关掉手机！不要在宝宝进食后立即按摩，如果按摩过程中宝宝情绪不佳或哭闹的话，就停下来，另选一个他更开心、更平和的时间进行抚触。

1. 在开始前，自己先平静下来，做几次缓慢的深呼吸（试着吸气时从 1 数到 7，呼气时从 1 数到 11），放松你的身体，然后告诉宝宝你要开始给他按摩了，征求他的同意。这看起来可能有些怪异，但它其实能打开你和宝宝之间的交流通道，也表示出你对他的尊重。

2. 脱掉宝宝的衣服，拿掉纸尿裤，抱紧他，感受他小小身体的每一部分，更深入地了解他。如果你愿意把自己的上衣脱掉，跟宝宝肌肤相触，这种感觉会更加奇妙！你可能不愿意这么做——不过没关系，你只要做你和宝宝觉得合适的事情就可以了。

3. 给宝宝抹上可食用、无味道的按摩油（不要节省），最好是有机冷榨按摩油（比如有机向日葵油），然后用手搓一搓，使油变得温暖均匀。从头到脚轻轻抚摸宝宝，和他说话或唱歌。如果他没有一直看着你，也不要担心，这很正常，这并不意味着他不喜欢。月龄偏小的宝宝可能更喜欢躺在你的膝盖或手臂上。

4. 现在开始专注于宝宝的腿部。你的两只手轮流轻轻从宝宝的一条大腿的根部向外滑到脚趾末端。几次之后，用你的双手圈住宝宝的大腿，从上至下一直轻压到脚部，如果宝宝喜欢的话，可以握一会他的小脚。另一条腿也重复这个动作。

5. 将宝宝的双腿像骑自行车一样轻轻举到胸前——要顺着宝宝自己的力来引导，将他的腿摆成蛙状，左右摇摆，再将你的手掌放在宝宝胸前（如果你的宝宝有髋关节问题，请不要这样做）。

6. 双手向宝宝腹部移动，用右手掌轻轻按在宝宝的腹部上，然后用双手做波浪式的顺时针运动，从升结肠（腹腔右外侧区）或大肠往上，穿过横结肠（腹腔上区），再从降结肠（腹腔左外侧区）往下。然后用你手掌的侧面，波浪式向下移动（如果你的宝宝有脐疝或脐带残端，请不要这样做）。

7. 双手向宝宝胸部移动，放在胸部中央，向外移动，轻轻“打开”胸部。然后，将你的右手放在他的右肩上，拥抱并滑到他的左臀部。左手也重复这个动作。请注意，小宝宝不一定喜欢这么做，所以还是顺着宝宝自己的力来引导。

8. 将你的双手移动到宝宝的手臂上，重复和按摩腿部时同样的动作。在宝宝的主导下，将他的手放在胸部并拍手，然后向两侧张开。把这个过程看成是一个由宝宝主导的游戏。如果你觉得宝宝喜欢的话，可以把他的手放在他的小肚子上（把毛巾卷起来放在他的头部和胸部下面会让小宝宝更加舒服，当然更好的是直接把他放在你的腿上），将你的右手从他的左肩穿过，抱起他，然后移到他的臀部，你的左手从他的右肩重复一遍这个动作，最后以拥抱和亲吻结束整个抚触过程。

裹襁褓

用襁褓包裹婴儿已有几百年的历史，如今将它作为安抚婴儿的方式也越来越流行。许多人相信，当你需要放下宝宝时，襁褓可以让他觉得自己仍被抱着，也有助于抑制令他不安的惊跳反射。另外，当宝宝被裹着襁褓放下时，他可能会睡得更久。即使情绪不安，也会因为裹襁褓而更容易入睡。但很多人反对裹襁褓，声称这会导致许多问题，并且对宝宝不够尊重。

请记住，裹襁褓的意图是为宝宝和你的身体接触找到一种替代，所以如果你能一直抱着他、使用婴儿背巾或者和他一起睡觉，那他就不需要襁褓了，毕竟他已经有你了，而且没什么比妈妈的怀抱更好的了！

如果你的宝宝是按需喂养，那千万别错过他的早期饥饿信号，因为当宝宝被襁褓包裹时，这些信号可能不那么明显。因此，我更倾向于配方奶粉喂养的宝宝使用襁褓。最后，要记住使用襁褓的宝宝仍然需要很多身体皮肤接触和拥抱。

婴儿死亡研究基金会建议谨慎使用襁褓，如果你使用襁褓，请遵循以下准则：

- 不要用襁褓包裹婴儿的头部或靠近他的脸。
- 如果宝宝生病或发烧，千万不要用襁褓包裹他。
- 为了避免宝宝过热，只能用透气布料或薄织物包裹他。
- 宝宝会自主翻身以后就不要使用襁褓了。
- 请帮助宝宝保持平躺的睡姿。
- 使用襁褓时胸部不宜包裹过紧。
- 不要用襁褓包裹宝宝的臀部和腿部，他的双腿应该可以自由地呈“蛙腿状”的姿势。
- 尽早开始使用襁褓，如果三个月大的宝宝以前没有被包裹过，就不要再用了。

* 美国儿科学会建议宝宝在 0 ~ 14 周内使用襁褓包裹。

有关如何用襁褓包裹宝宝的指南，请参阅第 57 ~ 58 页的图解。

婴儿温和养育 TM 课程简易五步襁褓包裹技术

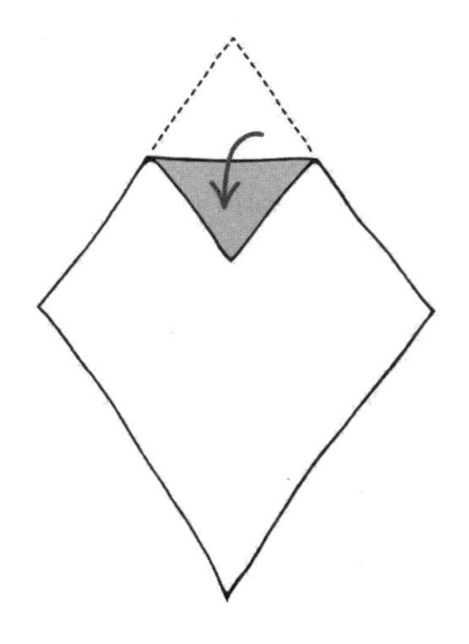

将裹布的顶端往下叠出一个三角形。

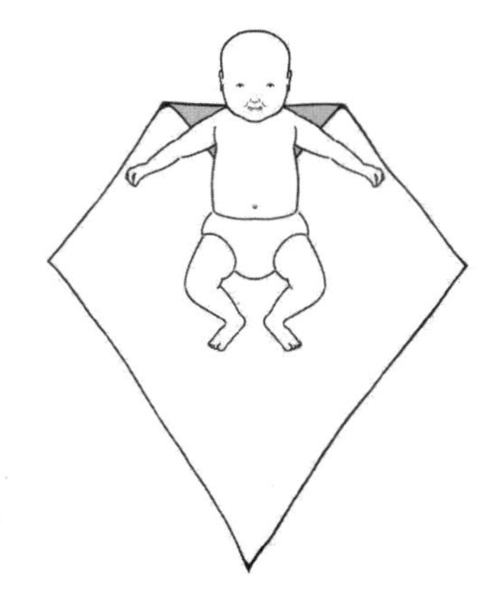

将宝宝放在裹布的顶端，脖子与襁褓顶端齐平。

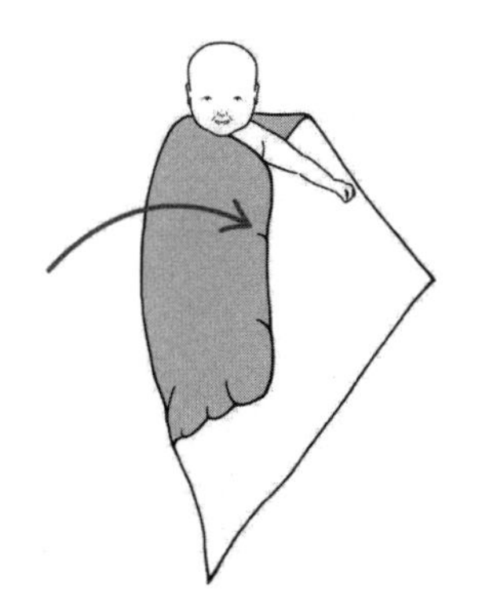

将宝宝的右臂贴近他身体右侧，抓住裹布的左边一角，向右侧裹住宝宝的身体，并塞到宝宝身体下面压住。

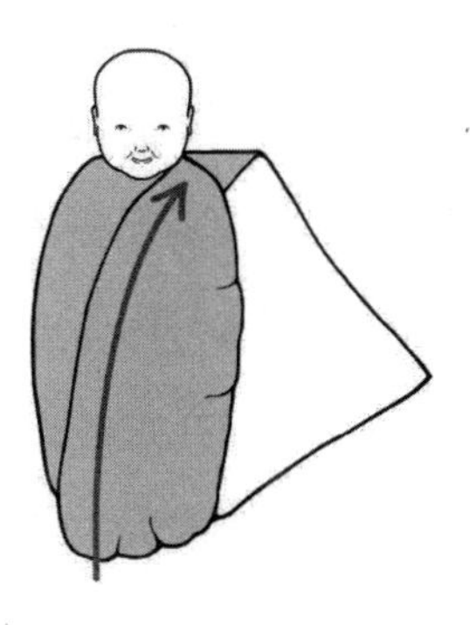

将裹布的底部向上拉至宝宝的左肩，将宝宝的左臂收回贴近身体，并将裹布压在他的左臂、躯干和臀部下面。

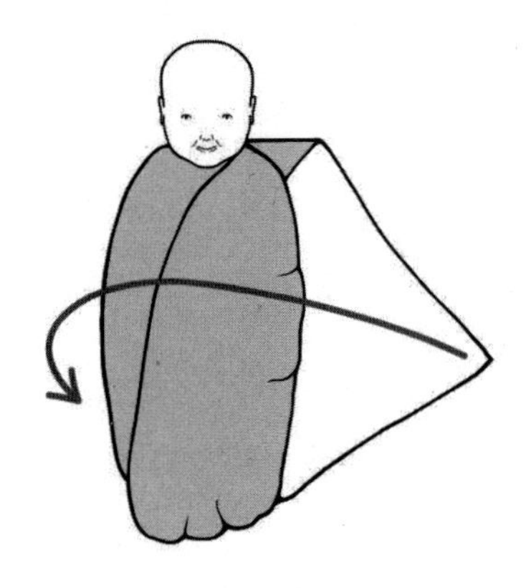

把最后剩下的右角往左边叠，包住宝宝，抱起整个襁褓的时候借助宝宝自己身体的力压住右角即可。

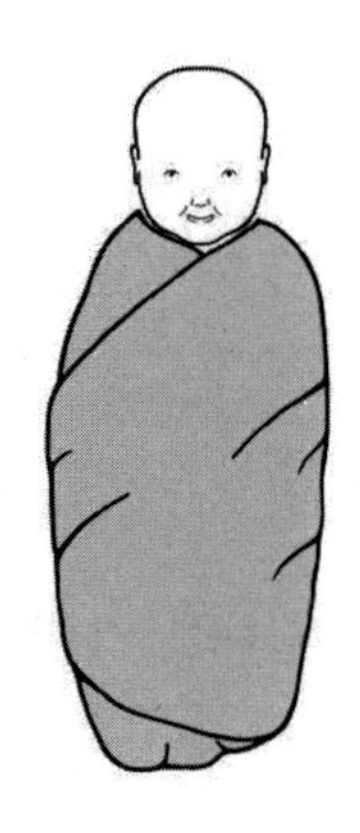

确保宝宝胸部和臀部的襁褓松一些，只有手臂和腹部裹紧即可。

带宝宝出门遛弯

很多宝宝一到户外就不哭了。我不确定这是不是因为宝宝被晃动了，比如在婴儿车里经过鹅卵石路、在婴儿背巾里上下晃动、驱车出行，或者仅仅因为空气变化，但是这些都会产生戏剧性的效果。

对于在室内长时间哭闹的宝宝，带他出去走一走，也让你头脑清醒一下，会产生不一样的效果。很多妈妈都喜欢带着宝宝去散步，因为这不仅仅是为了出门而已，还能通过行走锻炼释放内啡肽，而且还能遇见其他的新手妈妈，和她们聊聊天。这可能是她们一天中唯一一次与另一个相同处境的成年人交谈的机会，这对她们保持理智至关重要。

出去真的能呼吸到新鲜空气！我和宝宝都能平静下来，我似乎又重返地球了。

我知道出去走走会让我感觉好一些，但有时确实没办法，因为没有地方可去，没人可拜访，出门似乎毫无意义，但宅在家里更糟糕。所以即使只是去商店转转，能够呼吸点新鲜空气，感觉都会好很多。

飞机抱

当我们试图让宝宝平静下来时，我们常常会抱起他，让他面向我们，轻轻地捧着他的脸，看着他的眼睛。但是对一个已经受到过度刺激的宝宝来说，不让他面朝我们（或某种刺激）往往能起到更好的效果。我从婴儿瑜伽课上学到一个称为“飞机抱”的姿势（如下图），用一只手把宝宝背对着你托起来，然后把他的头牢牢地支在你肘部的臂弯处，并用这只手牢牢握住他的胯部。别忘了你的宝宝在子宫里已经习惯了倒立和侧卧，所以你会发现这种“飞机抱”的姿势很神奇，它会让你的宝宝瞬间停止哭泣！试着在室内短暂地做这个姿势，能够让宝宝平静下来。

用飞机抱的姿势抱着宝宝跳舞会有更好的效果。在瑜伽课上，不管宝宝哭闹得多厉害，当我们用这个姿势抱着他们跳舞的时候，宝宝就像在树

上睡着的小老虎，四肢从树枝上垂下来一样*，当时瑜伽教室里静得连根针掉到地上都能听见，那场景至今还历历在目。

飞机抱的效果出乎我和宝爸的意料，这是个多么惊人的小秘密！它不仅让我们的宝贝瞬间平静下来，而且在抱着她、安抚她的同时，我还能腾出一只手并四处走动。太棒了！

我们的女儿很喜欢飞机抱，这似乎真能让她安静下来。我认为这对她有持久的影响，直到今天（她已经快6岁了），她仍然喜欢穿着橙色和黑色条纹的衣服，装成“老虎”在家里到处跑！

注意：请记住，宝宝睡着的时候，应该一直保持平躺的姿势。

---

* 译者注：飞机抱，英文为 tiger-in-the-tree hold，意思是让宝宝趴在父母的一只手臂上，就像一只老虎趴在树上一样，后文也有提及。

第四章

全球育儿经

如果有人告诉你，他们有秘诀可以让宝宝睡得更好，哭得更少，学得也更好，你肯定会感兴趣的。

——玛丽亚·布洛伊斯（Maria Blois）博士，

《婴儿背巾》（*Babywearing*）作者

你看过这些照片吗？非洲乡村的母亲们用色彩鲜艳的结实布料把孩子牢牢地固定在自己的背上，墨西哥宝宝被彩虹条纹长围巾绑在妈妈身上，亚洲的母亲们在田里劳作时，把她们的孩子牢牢地包裹在四爪婴儿背巾中，还有因纽特宝宝依偎在温暖的羊毛织物中……

让我惊讶的是，现在人们竟然觉得使用婴儿背巾是一种新潮的做法，但实际上它已经有很悠久的历史了。我把孩子包裹在婴儿背巾中外出时，总是被好奇的人们拦住询问，甚至稍微年长的人、健康顾问也会说："在我们那个年代，没有这些新潮时髦的东西，婴儿车对我们来说就足够了。"事实上，婴儿推车和那些出行辅助系统才是"新潮"的东西！

使用婴儿背巾和背带并不是什么新鲜事，也不是什么时尚潮流，不是一个过渡阶段，更不是某个育儿机构或育婴品牌发明的东西。相反，对世界上许多父母来说，这是自然而然的需求，使用婴儿背巾将我们带回狩猎时代。正如我在第三章中已经提到的，男人出去狩猎，女人收集水果、蔬菜、木材和其他东西，在这过程中她们别无选择，只能背着自己的孩子。弗吉尼亚·阿伯内西（Virginia Abernethy）在她的著作《人口压力与文化调整》（*Population Pressure and Cultural Adjustment*）中，描述了居住在非洲南部的狩猎采集部落"孔部落人"的育儿习惯：孔部落的布希曼人一直被认为是人口充裕的，但这里的母亲仍然要从孩子出生到 4 岁一直背着他，这意味着每次长途跋涉出去寻找生存资源——食物和植物时，她们都要背着孩子，回程时，还要带着维持好几天生存所需的树根、坚果、浆果和柴火等。这样持续 4 年，她们走过的路程大约 8000 公里。

部落育儿经

我已经提到过，自从有了孩子，我读过的最能开阔思路的书之一就是琼·利德洛夫的《族群概念》。20 世纪 70 年代，琼和住在南美洲丛林里雅卡纳部落的土著印第安人一起生活了两年半，她对那里养育孩子的方法和西方世界的差异感到震惊。与西方的婴儿相比，琼所观察到的雅卡纳部落的宝宝们是多么平静和快乐。她还特别指出，那些宝宝待在妈妈怀里的时间很长。

待在妈妈怀里的宝宝几乎从来不哭，而且，神奇的是，他们也不会摇动手臂、乱踢、拱背或弯起手脚。他们安静地坐在背巾里，或者睡在妈妈背上——这打破了宝宝需要通过弯曲身体来"锻炼"的传言。他们也没有呕吐，除非病得很重，而且也没有肠绞痛。在学习爬行和行走时，或者当宝宝受到惊吓时，他们并不会接受别人伸出的援手，而是自己主动去找母亲或其他看护人寻求安慰，然后继续探索。虽然缺少监护，但是即使是最小的孩子也很少伤害自己。莫非他们有什么"特异功能"吗？有些人真的这么认为，但毕竟我们同为人类，那么我们又能从雅卡纳部落那里学到什么？

在梅尔文·康纳（Melvin Konner）的书《童年：多元文化的观点》（*Childhood: a multicultural view*）中，他讨论了部落养育方式与其他灵长类动物的相似性，以及与西方文化的明显差异性：

> 例如，在狩猎采集社会，如巴卡族和孔族，宝宝大部分时间是由母亲带着，每小时被喂几次奶……所有这些看似奇怪的事情也发生在

和我们最相近的动物——猴子和猿类身上。在我们的进化过程中，这种持续的亲密关系起到了几个作用：母亲挡在宝宝和想吃掉宝宝的生物之间、用自己的体温来温暖宝宝……这些进化的事实是否意味着我们必须保持母婴持续接触？当然不是。不过，在我们的社会中，一些母亲和宝宝发现自己又回到了古老的进化模式中，这也并不奇怪。

我第一次买这本书还是在读大学的时候，我的发展心理学讲师詹姆斯·德米特（James Demetre）博士建议阅读它。我得承认，直到15年后，当我有了自己的孩子，我的好奇心才被激起，进而重读了这本书。当有了自己的孩子时，你的大脑会打开一扇门，让你对父母和孩子产生新的兴趣、更深层次的理解和同理心。而当你尚未为人父母的时候，这些是不可能出现的。这本书现在已经成为我最喜欢的书之一，我经常反复翻阅，希望从中汲取一些智慧。

现代社会能从部落养育中学到什么？

尽管威廉·西尔斯（William Sears）博士在引领西方文化复兴方面做了很多工作，但显然，早在他于20世纪80年代创造出“婴儿背巾”这一短语的数千年前，婴儿背巾就诞生了。婴儿背巾让全世界的妈妈能在带孩子的同时完成家务、做饭等日常生活。我们这些现代社会的父母才是“怪胎”，一有机会就把孩子放下来，还发明了越来越多的新玩意来取代我们的手臂、心跳声、温度和运动节奏。从宝宝出生的那一刻起，我们就开始放下他们，让他们独处，我们竟然还想知道他们为什么会抗议。想想看，如果我们延续了祖先们使用婴儿背巾的习惯，会发生什么。我们能看到婴儿行为的改变吗？这种变化是否会反映在蹒跚学步的孩子身上，甚至更远的将来？

科学研究也非常认同这一点。使用婴儿背巾不仅能显著减少婴儿哭闹，[21]还能增进父母和孩子之间的情感联系。[22]正如西尔斯博士所说："使用婴儿背巾意味着改变你对孩子的认识。初为父母的人总是认为宝宝应该安静地躺在婴儿床上，被动地盯着晃来晃去的物体，被抱起来吃、玩，然后再被放下。你可能会认为让宝宝兴奋只是为了让他能够再次安静地躺下。婴儿背巾推翻了这一观点，每天用背巾抱着宝宝，直到把他放到床上睡觉，这期间你都可以做自己想做的事情。"

哺乳动物育儿经

当然，我们还可以找到很多其他物种的母亲怀抱宝宝的例子。当你观察其他物种的时候，你会发现哺乳动物中的母亲抱着孩子是多么正常的事情。我们人类竟然是这个星球上唯一一个把孩子放进带轮子的装置里推来推去的奇怪物种！也许我们该从哺乳动物身上"取经"，毕竟它们的幼崽似乎不会像人类宝宝那样出现极度疲劳、持续哭泣、肠绞痛和进食问题。难道造成这个区别的最大原因之一是哺乳动物宝宝被"抱在怀里"，而我们人类的宝宝却躺在婴儿车里吗？

有一年春天，我带着3岁的女儿去动物园参观，那时我才真正体会到这一点。当时正值动物生育高峰期，我站在猴舍旁，到处都是可爱的小猴子，猴妈妈在树枝间荡来荡去时，小猴子紧紧地抓着妈妈，吮吸乳头。当我离开猴舍的时候，再放眼望去，到处都是婴儿车，到处都是五颜六色的轮子。小宝宝和蹒跚学步的孩子都背对着妈妈坐着，手里拿着奶嘴或玩具。有的宝宝在哭，妈妈们只是摇晃着婴儿车或把他们推来推去，想哄他们入睡。

我忍不住盯着那片人海里的婴儿车，妈妈们正疯狂地试图让哭泣的孩子安静下来，然后当我再回头看到猴妈妈，它们正与平和的猴子宝宝肌肤相触，似乎也同样好奇地回望着我……我为我们失去的那种与生俱来的母性本能和情感联结而感到一阵悲伤。

趴睡时间的重要性

我认为宝宝躺着的时间太多，没有在母亲的臂弯里待足够的时间，容易造成的最明显的后果就是越来越多的位置性斜头畸形或“平头综合征”。位置性斜头畸形通常发生在平躺过多的孩子身上，平躺太久会对他的后脑勺施加压力，导致后脑勺变平。这个问题可以通过购买医学专业的头盔来解决，但其实还有更简单的办法——去除成因。人类的基因属性似乎在告诉我们，宝宝不应该平躺那么长时间。

由于诊断标准尚未完全确定，因此我们很难估计位置性斜头畸形的发生率。根据最严格的标准估计，每 300 名婴儿中就有 1 名婴儿有这种症状，而按粗略的标准来看，1 岁以内婴儿的位置性斜头畸形的发生率大概在 48%[23]。父母们经常被建议婴儿应该保持仰卧姿势睡觉，但事实上，婴儿应该每天也花一些时间“趴睡”[24]。许多父母没有意识到，使用婴儿背巾时，宝宝面部自然向内的姿势其实很像趴睡，而其带来的益处也是相似的。如果你的宝宝不喜欢趴睡，那么婴儿背巾就是一个对你和宝宝来说都非常愉悦的选择了！

婴儿背巾对父母的好处

我们已经知道，婴儿背巾在人类进化史中渊源颇深，而且它的好处远远超过婴儿车等看似便利的工具。我总是提醒父母们，婴儿背巾在室内也可以使用（在婴儿期初期尤其有用），它可以是良好的安抚工具和促进宝宝发育的辅助工具，更何况它还能解放你的双手！

然而，婴儿背巾最隐蔽的好处之一是它对母亲的安抚作用。研究表明[25]，当妈妈们经常与宝宝亲密接触时，她们的焦虑和压力水平就会降低。基于所有这些古老的知识、现代科学的智慧和母性直觉，婴儿背巾都应该更受欢迎。人们不禁要问，为什么如今有那么多育儿专家提倡尽可能多地把孩子单独放下，为什么有那么多妈妈担心抱得太多会“自食其果”。逻辑、证据、理性和智慧是如何被那些营销高端、包装精美且缺乏研究论证的育儿建议带偏的呢？

还有一类受益于婴儿背巾的人，我还没提到过，那就是父亲。对于父亲们来说，婴儿背巾无疑是他们与宝宝亲密接触、建立情感纽带的最优方式，尤其是那些母乳喂养的宝宝（在安抚宝宝这件事上，爸爸最明显的劣势就是没有乳房），婴儿背巾无疑是爸爸安抚宝宝的有效工具。

婴儿背巾对于父亲们的另一点好处可能是母亲们不想让父亲们知道的，那就是它能让父亲们吸引很多女性的注意！男人从来没有什么时候能像穿着婴儿背巾带着宝宝时那样可爱。我丈夫经常开玩笑说，如果他在单身的时候就知道这种方式（育儿奶爸）可以让他看上去更有魅力的话，他说不定会借一个小宝宝来吸引女性的注意！

父亲们倾向于选择更有男人味的婴儿背巾（通常是黑色的、带扣子的），或者柔软结构的婴儿背巾，这些婴儿背巾在结构上对宝宝和穿着者都有好处，让他们觉得很舒服。

我将用山姆的故事来结束这一章，这里他讲述了他使用婴儿背巾的经历，以及这如何帮助他成为一个真正的父亲。

山姆的故事

在我们的儿子出生的时候，我的妻子想买一个婴儿背巾，一种柔软的、可以将宝宝放在里面的织物。我常常看到妻子系着婴儿背巾和宝宝在一起和谐相处，婴儿背巾就像是子宫的延伸。但是我认为它穿起来很复杂，而且我害怕它裹得太紧会压扁我的儿子，所以我一直没有用。我想买一件结构更优化、孩子可以面朝前的背巾，这样我就可以在带他去散步的时候让他观察世界、感受各种新鲜的刺激。但是当他3个月大，我尝试着让他面朝外、自己支撑背部时，却感觉很不对劲。而且说实话，对于男人来说，这样看起来很奇怪！

我尝试了许多不同的婴儿背巾，最后才意识到它们穿戴起来根本不复杂，虽然看起来令人困惑和害怕……但事实上，我竟然很擅长！我学会了如何正确地用背巾包裹宝宝，更深入理解了婴儿背巾的好处，它不仅仅是为我的妻子准备的，我儿子也喜欢被如此包裹，真是不可思议。

我开始以非常不同的方式看待婴儿背巾，它不只是一种方便外出或解放双手的方式，更是一种近距离接触宝宝的方式——近到可以亲吻他！我喜欢抚摸他的头、背和臀部。与其让宝宝面对这个世界，我现在更想让他安稳地依偎在我的怀里。婴儿背巾还有一个优点就是可以让我边带宝宝边看电影。我妻子筋疲力尽地上床睡觉之后，我就把儿子包进婴儿背巾里，边跳边晃，还能一边看电影。他会睡得很香！我家里再也没有人会在晚上暴躁得敲地板了。

儿子现在快2岁了，我和妻子仍然使用婴儿背巾抱着他，虽然没有之前抱得那么久。最近正值盛夏，我妻子外出，留我在家照顾孩子。他又热又烦躁，又正巧在长牙期，没有什么能安抚他。我感觉其他方式都无济于事。于是，我把他塞进我面前柔软的背巾里，带他去散步，我抚摸着他光着的腿和脚，吻着他的前额，他很快就能放松下来，然后平静地睡着。当我回到家之后，我继续一边轻轻摇晃，一边看电影，而他还在熟睡。

第五章

了解正常的婴儿睡眠

那些说自己睡得像个婴儿的人通常都没有孩子。

—— 利奥 · J. 伯克，一位父亲

现代社会似乎总是根据宝宝的睡眠时间来评判新手妈妈是否称职或成功，尤其是宝宝夜晚的睡眠时间。“他睡整觉了吗”“他表现得乖吗”“他有给你充足的时间睡觉吗”，这些都是我第一次做母亲时经常被问到的问题。这些问题让我对宝宝的睡眠感到焦虑，也让我对自己让他不夜醒的能力产生怀疑。不过这只是在我生下第一个孩子的时候发生的事情，后来我又生了两个宝宝之后，再遇到这种问题时，我只是默默地点头，挤出一个无力的、睡眠不足的微笑，然后在内心咕哝；到我生下第四个孩子的时候，如果有哪个倒霉蛋天真地问我这些问题，一定会被我骂得狗血淋头！

我很爱睡觉，我十几岁到二十岁出头的时候每天都睡很多觉。然而，这一切在我生下第一个孩子之后就被打乱了。是的，充足的睡眠对我来说成了一件奢侈的事，但我仍然认为自己拥有了更美妙的东西。毕竟如果很怕改变自己的生活，我一开始就不会生孩子了。简而言之，这就是我最终给那些问我的孩子们“睡得好不好”或者“有没有睡整觉”的人的回答。

如何定义“好宝宝”？

我真的不明白为什么大家都认为一直睡觉的宝宝是“好宝宝”，并给那些能睡整觉的宝宝贴上“好宝宝”的标签，给没有睡整觉的宝宝贴上“坏宝宝”的标签。我们很多人似乎都不了解正常的婴儿睡眠机制，不然肯定就不会有那么多所谓的“婴儿睡眠培训师”了，不会有人咨询宝宝的睡眠情况，也不会有那么多新手妈妈仅仅因为宝宝没办法整晚睡觉而觉得自己是失败的母亲或怀疑宝宝有什么不对劲了。

当宝宝在子宫中时，他会跟随母亲的昼夜节律（或称为“生物钟”），因为母亲睡眠中的褪黑素会通过胎盘传递给他。出生之后，褪黑素的传递就停止了，宝宝需要花一段时间才能自我同步之前的节律。事实上，宝宝至少需要花两个月甚至更长的时间[26]才能接近成年人的生物钟，并且直到4岁左右，他的激素才会产生和成年人一样的睡眠调节效果。

从生物学角度讲，一个婴儿，尤其是不满 4 个月的婴儿，真的不知道日与夜的区别。当太阳下山的时候，成年人可能会感到困倦，但对宝宝来说，日落和日出并没有什么区别。一些婴儿专家提倡尽早教婴儿理解夜晚和白天的区别，他们通常建议父母从宝宝出生开始就使用遮光窗帘、在晚上保持绝对安静、避免和宝宝有眼神接触或给他其他感官刺激，并声称这样可以教会宝宝在很小的时候睡整觉。然而事实并非如此。这样做，宝宝确实会变得习惯于在晚上少与人交流，但这只是因为他受到了这样的训练，而不是因为他真正到了晚上就感觉累了，需要睡觉了。如果你一直这样“训练”他，很可能最终会造成宝宝只有在完全安静和黑暗的条件下才能入睡，那么当你们去度假或晚上外出时，就会体验非常“悲惨”的经历。当我有了第一个孩子的时候，许多新手妈妈都对我儿子“在哪儿都能睡”的能力感到惊讶，因为他可以在明亮的日光下睡着，以各种姿势睡着或者在各种噪音的环境中睡着，在他仅仅 2 个月大时，他甚至能在婚礼吵闹的迪斯科音乐中睡觉。他是否拥有一些神奇的睡眠技巧？或者说，对于一个没有接受过“零感官刺激”睡眠训练的宝宝来说，这种能力是正常的吗？

正确期待宝宝的睡眠

除了缺乏成年人的激素睡眠调节机制外，婴儿的睡眠周期与成年人还有很大不同。小婴儿的睡眠周期非常简单，由两种基本状态组成：安静睡眠（深度睡眠）和活动睡眠（轻度睡眠），而且每种状态下睡眠的周期大约是成人睡眠周期（90 分钟左右）的一半（45 分钟左右）。

成年人和婴儿的睡眠模式的差异具有极大的生物学意义，因为远古时期的孩童生来就需要警惕来自捕食者的威胁，而这种基因的本能还没有开始适应现代社会相对安全的婴儿房，这也是婴儿的睡眠周期比成年人短一半的原因，所以也就不难理解他们夜醒的次数是成年人的两倍。事实上，婴儿每 20 ~ 45 分钟就会进入轻度睡眠状态，一旦进入这个状态，婴儿自然就会更容易被各种刺激惊醒。为什么婴儿醒得如此频繁？是什么把他们惊醒或唤醒呢？夜深人静（你自己已熟睡）之时你可能很难发现宝宝是被什么惊醒而哭泣，但这些刺激在白天可能更容易被发现。

想想你自己为什么会夜醒。比如说我自己，昨晚被冻醒了一次（醒来发现羽绒被滑到一边），还被我丈夫的呼噜声吵醒了一次，还有一次是因为我 4 岁的孩子跑进来，跳到我的床上。我会夜醒，有时是因为想上厕所，有时是因为太热了，有时是被奇怪的噪音惊扰，有时是因为扰人的梦境，有时是因为口渴需要喝水，还有的时候我压根不知道为什么会醒。

我们为什么会认为宝宝刚满 12 周就能够睡整觉？我们应该知道，即使宝宝半夜没有哭闹，他们也不太可能一整晚都处于睡眠状态。事实上，他们很可能已经醒了，并且不止一次，只是他们没有把大人吵醒。就像我上面说的我们也会因为各种原因醒来一样，宝宝也是如此。

那么，如果宝宝醒来后不哭闹，他真的是“好宝宝”或者是“安分的宝宝”吗？而宝宝醒了以后独自一人躺在那里不需要我们，就说明我们是

“好父母”了吗？威廉・西尔斯博士发明了“压抑综合征”一词，用来描述这种情况下可能引发的问题，他在自己的网站上写道：“被‘训练’成不表达自己需求的婴儿，或许看起来温顺、顺从，像个‘好宝宝’，但他们可能更内向，并且压抑着自己的需求而不表达出来，慢慢变成一个从不向大人提要求的孩子，最终成长为高需求的成年人。”

还有一个事实，就是婴儿需要在一天中频繁地进食。有科学研究[27]表明，你想让宝宝在很小的时候就睡一整夜的愿望与宝宝频繁进食的需求相冲突。但很多育儿专家似乎认为婴儿应该像成年人一样，甚至建议在白天给他们喂足够的奶来“充电”，晚上只喂迷糊奶（夜里给宝宝喂奶但不叫醒他）或转变为“饥饿宝宝”模式，这样他们就不会半夜饿醒哭闹。这些建议对于成年人来说可能是合理的，因为我们的胃容量足够大，能够在进餐期间摄入足够量的食物，但宝宝的胃容量很小，加上流质食物消化很快，所以这些建议对于宝宝来说是不现实的。

关于“天使宝宝”

确实有些宝宝在晚上不需要喂食，而且他们能在晚上自主入睡并且自然地睡很长时间。《婴语的秘密》一书的作者特蕾西・霍格称这些“天使宝宝”是天生的。在这一章中，我不想谈那些能在夜间睡很长时间的宝宝，因为他们只是少数，不具有代表性，我更想讨论的是大多数经常夜醒和哭闹的宝宝。

弗林是我的第二个儿子，从他 8 周大的时候起，他晚 8 点到早 6 点几乎都在睡觉，完全自主，夜间根本不需要我。讽刺的是，这种会让许多初为人母的新手妈妈高兴得跳起来的事情反而让我感到有点难过，因为我很享受在温暖的夜晚，安静地坐着，怀里抱着宝宝，想象着所有的母亲在这个时间都在做同样的事情。每个宝宝都是不同的，有的就像弗林那样，有天生的长睡眠，但我必须强调，这些宝宝只是少数。

在这一章中，我想说的最重要的一点是，宝宝在晚上经常醒来是完全正常和健康的，宝宝多次夜醒并不意味着你的育儿技巧有问题，也不代表宝宝身上有其他需要解决的问题，除非你自己觉得这是个问题。

“睡整觉”的残酷谣言

科学家们一致认为，宝宝经常夜醒是正常的。一项研究[28]发现，3 个月大的宝宝中，有 46% 会在晚上经常醒来，6 个月大的宝宝中，有 39% 会在晚上经常醒来，出生后 9 个月似乎是个睡眠倒退期，有 58% 的宝宝会夜醒，12 个月时仍然夜醒的宝宝下降到 55%。埃文纵向研究[29]对 640 名婴儿进行了抽样调查，结果显示，只有 16% 的婴儿在 6 个月大时能够睡整觉。此外，关于父母对孩子睡眠认知的研究[30]表明：近三分之一的父母认为孩子的睡眠行为存在严重问题。

我认为现在必须让整个社会对婴儿睡眠习惯形成正确的预期了。我们必须停止给那些在很小的时候就睡整觉的少数婴儿贴上“好宝宝”的标签，也必须停止根据宝宝的睡眠情况来评判父母的育儿能力！

在我与新手父母的合作中，我发现帮助他们对孩子的睡眠模式有更正确的预期才是关键。我们不应该一味试图解决父母所认为的宝宝睡眠不足的问题，而应该帮助他们在这个阶段尽可能放松并给宝宝原本就正常的睡眠行为提供支持。

因此，这里的重点应该是帮助父母应对现状，无论是通过延长产假、提高产假薪资、加强产前育儿准备，还是为“生命起点”“家庭起点”* 等相关家庭组织提供更多资金。频繁的夜醒对宝宝来说是正常的，父母也会对时而剥夺他们睡眠的小小“包袱”产生不满，但也不必因此而感到内疚。我也不建议父母默默忍受，并期待有一天能早上 7 点醒来，充满怀疑地看着时钟，意识到自己已经睡了整整 8 个小时……陪伴宝宝的一个个无眠之夜是不容易的，被宝宝折磨的每个夜晚都会使你筋疲力尽到一个新高度，这种感受只有亲身经历过才知道，下面这些新手妈妈在宝宝出生后很快就发现了这一点：

不管别人怎么跟你讲述睡眠不足的事情，你都不会完全理解的，除非你自己生了孩子并亲身经历过。我原以为哺育新生儿会让我感到疲倦，但最初几个月的感受是难以形容的。现实是，作为母亲需要在 24 小时内随时给孩子喂奶、换纸尿裤、安抚等，而且要一遍又一遍地重复做所有这些事情，这对体力和情感都要求极高。但令人惊讶的是，我发现如今我的身体已经适应了，不再感到那么沉重了，我开始真正地珍惜那些安静而亲密的夜间哺育过程。

我真的不记得那么多了，我只知道那时候很艰难，但我们挺过来了。有时候，我觉得父母们很需要听到这样的话：你可以感到精神崩溃，感觉脑子不属于自己了，但是没关系，因为这些都会过去的。

我明白了为什么剥夺睡眠会被当作一种刑讯手段；我根本没有为每两三个小时醒一次做好准备，但只要你熬过去了，事情就会变得更

---

* 译者注：“生命起点（Surestart）”是由英国政府成立的公益组织，旨在“给孩子最好的生命起点”，包括早教、健康和家庭支持等；“家庭起点（Homestart）”是英国的家庭支持领导组织，志愿者为需要帮助的家庭和孩子提供帮助。

容易。

这不仅仅是用疲劳就能形容的……我是一名助产士，但我仍然对现实感到不知所措。我累坏了，上上下下爬楼梯，给宝宝喂食、换纸尿裤、哄睡，半小时后再次重复这些动作。我的丈夫白天要去上班，但我还是频繁喊醒他来帮忙，对此我感到内疚。

当人们说“睡得像个婴儿一样”这句话的时候，我总觉得这句话的意思是“睡得很香，并且至少睡了7个小时”。但事实是有了宝宝之后我总是夜醒，真希望有人能告诉我这到底会持续多久。但我想提醒你的是，你最终会得到回报，这一切都是值得的。

在接下来的两章里，我们将谈论一些对母亲和宝宝都很友好的技巧，来帮助你的宝宝多睡一点，并建立新的睡眠周期，让你也不再每天夜里醒好几次。但是现在，不妨让我们先来读一下凯蒂的故事。

凯蒂的故事

在我生孩子之前，总有人问我是否准备好了婴儿房。他们因为我没有在预产期前几个月准备好婴儿床并装饰房间而感到震惊。我知道我的孩子会在我们的房间里（一开始是在婴儿睡篮里）睡6个月，这是我们得到的建议。

许多人的脑海里总会浮现出一个小婴儿蜷缩在他自己房间里的婴儿床上的画面。我的公婆曾告诉我，我丈夫出生10天的时候，他们把他从医院带回家，放在楼上房间里的床上，然后他们自己竟在花园里喝起了香槟！

我知道新生儿晚上会醒，但我以为他们要睡3个小时才醒一次。而事实把我吓坏了，我想我永远无法应付这么少的睡眠！我错得多离谱啊……

扎卡里在医院出生的第一个晚上，他根本不想睡在塑料小床上，这完全出乎我的意料。病房里的其他婴儿都在尖叫，我又热又累，只想让扎卡里快睡觉。值班的助产士教我用襁褓包裹他，这对我很有帮助，但唯一能让他睡着的办法是抱着他和我躺在一起。后来他睡了一会儿，我没有睡觉，因为我很紧张，担心助产士会发现并责备我。

在家里，他每1.5小时醒来吃一次奶。我把他放在床边的睡篮里，但即使这样安排，我仍觉得不方便，因为我得坐起来看看他，或者把他抱起来。我想用襁褓轻轻裹着他，但当时天气炎热，我害怕他过热，所以一直把襁褓摊开。当然，我们都睡得不好。我不明白他为什么这么频繁地醒来，也不明白为什么他白天明明喝了很多奶，但还是会整夜频繁地饿。

几个星期后，我们取下婴儿床一边的围栏，让婴儿床紧贴着我们的大床，这样扎卡里就能睡在自己的床上，并且就在我旁边，我可以看到他。但这对他的睡眠没有特别的帮助，因为他真正想要的是躺在我身边。可是我很害怕这样做，毕竟我听到的关于这种睡眠方式的大部分内容都是负面的。我担心他会因身体过热而猝死，也担心这会让他长大后不能独自睡觉。我读过的所有赞成母婴同床的文章中，都提到过它会增加婴儿猝死风险。所以在母婴同床的情况下，宝宝可能睡得更好，但更可能容易猝死。或许所有坚持母婴同床的人都有些激进。晚上想让宝宝亲近你似乎有点奇怪，因为这本该是你和伴侣的二人世界。我从不希望宝宝离开我的视线，但我们应该在夜间放弃我们的本能。

我听说过几个在医院里睡眠很棒的宝宝，他们接受了几周的特殊照顾之后，回到家第一天就被安置在自己的房间里，并睡了12个小时，所以睡在哪里对他们来说并不重要。我特别羡慕这些晚上睡得好的宝宝。可是我的扎卡里在出生几周之后仍然像新生儿一样睡觉，每2个小时就醒一次。根据健康顾问的介绍，我觉得这有点不寻常，因为婴儿应该在12周大的时候每次至少睡4个小时。我到底做错了什么？我也在文章里读到过孩子出生4个月后会经历睡眠倒退。这很可怕，但对扎卡里来说也许不会发生，因为他已经没有什么倒退的空间了！我已经很擅长应对睡眠不足这个问题了。

自从我有了孩子，就经常有朋友问我他是不是一个“好宝宝”，这其实是在问他睡觉乖不乖。详细描述我的睡眠少得可怜这种问题几乎成了一种“获奖感言”。最令人恼火的是，她们会回应说自己如果睡不好就完蛋了，但幸好她们的孩子睡得很好。这难免会让我觉得扎卡里和我是怪胎，因为他睡眠不好。不过那些夜晚睡眠良好的人往往在白天都醒着，正所谓有得必有失，扎卡里白天的小睡真的很棒。

我听说当地儿童中心有“睡眠诊所”，这让我对解决扎卡里的睡眠问题充满了希望，直到我发现他们的解决方法是哭泣控制（详见第六章），这不是我的选择。值得庆幸的是，他们有告诉我在宝宝出生6个月后不要再进行哭泣控制（因为出生6个月后的宝宝不需要在晚上醒来吃东西）。

乐观地说，我认为我对新生儿睡眠的期望是合理的，但我没有预料到这种断断续续的睡眠会持续那么久。我原以为他出生几周后可能会每晚只醒一次。当时出于绝望，我很想尝试哭泣控制，我也确实半信半疑地试过几次。然而，我后来读了一些关于亲密育儿的文章，进而开始坚信哭泣控制是错误的，对我们唯一有效的方法就是等待。最后，扎卡里偶尔能够睡整觉了，而第一次睡整觉是他快到10个月大时学会走路的那一天。

第六章

睡眠训练技巧

每当我把刚出生的宝宝抱在怀里时，我认为我的言行举止不仅影响他，也影响他今后会遇到的人和事；这种影响不只持续一天、一个月或者一年，而是长达一生——这对于一个母亲来说，是极具挑战又令人兴奋的。

——罗斯·肯尼迪，美国前总统肯尼迪的母亲

正如我们在上一章中提到的，小宝宝夜醒是很正常的，并且原因各异。新生儿缺乏成年人所拥有的激素来调节睡眠，也没有日夜的概念，加上婴儿的睡眠周期短，而且在生理上他们需要 24 小时内多次进食，尤其是母乳喂养的宝宝，所以他们夜醒是完全正常的。据统计，大约有 25% 的婴儿夜间长时间大哭。还有研究 [31] 表明，近 60% 的婴儿在 9 个月大的时候仍然有规律地夜醒。难怪有这么多睡眠不足的父母会想方设法地让宝宝睡整觉。母亲睡眠不足和疲惫对其情绪健康有负面影响，反过来也会对她和宝宝的亲密关系产生不良反应，我们也就知道为什么世界上有那么多人从事“婴儿睡眠训练师”这个职业了。

哭泣控制

对于大多数绝望的父母来说，帮助他们孩子睡好觉的方式是睡眠训练，其中就包括哭泣控制。多年来，通过让哭泣的宝宝独处来鼓励他们睡觉一直是婴儿睡眠建议的主要内容，很多书一遍又一遍地重复着同样的理论。从“哭泣控制法”到“法伯法”“哭声免疫法”“慢慢哭法”“抱起放下法”和“间隔安抚”，尽管它们的名称变了，但是实质并没有变。在本章接下来的内容中，我将统一使用“哭泣控制”这个名称，因为它是最为大众所熟悉的，而且适用于同类理论。

这些方法通常还涉及一些环境设置，比如在婴儿房使用遮光窗帘，遵守严格的作息时间，以及不要让宝宝在父母的手臂、胸口或大床上睡着。然而，许多心理学家认为，这些方法的效果只是暂时的，而且弊大于利。正如心理学家奥利弗·詹姆斯（Oliver James）在他的书《如何不让他们失望》（*How Not to F*** Them Up*）中所说："有大量的证据表明，严格的作息时间并不会让宝宝感到安心……也有足够证据表明，严格的睡眠规律也许会导致婴儿更加不安，甚至更加易怒和挑剔。"

哭泣控制给父母的感觉

比科学证据和心理健康专家的怀疑更令人焦虑的是，父母自己也经常对这种睡眠训练感到不适。我遇到过很多妈妈，她们完全是出于束手无策的绝望，才选择求助于哭泣控制，而我在养育我第一个孩子的时候，也和她们一样。我还没有遇到过对整个睡眠训练过程感到满意的父母，在他们的孩子接受哭泣控制训练终于可以睡整觉的时候，相信他们可以松一口气，但是他们对于整个过程真的感到高兴吗？几乎没有。以下是我听到的一些父母关于哭泣控制的评论：

> 我很绝望，这种方式太可怕了。宝宝哭得很厉害，我也哭了，其实我只想抱起他，结束这一切。

> 哦，这绝对有效，宝宝现在晚上能睡 12 个小时了，但我们刚开始使用哭泣控制法时，我感到很内疚，因为我从未见过她如此难过。

> 我们确实试过，但只试了两分钟。这感觉就像我生命中最漫长的两分钟，我记得我一直看着时钟上的秒针，对丈夫说："我们不能这么

做，这是不对的。”他说：“嗯，这太可怕了。我真不明白怎么会有人在更长时间内坚持下来。”一位母乳喂养咨询师对我说过的话一直萦绕在我的脑海里：“如果一个朋友因为难过而哭泣，你会等5分钟之后再去安慰他吗？”从那以后，我就再也没有这样做过！

我的小儿子需求很高又易怒，所以我在接受了很多好心人的建议后，试着对他进行睡眠训练。但这让我心痛欲裂，即使在多年后的今天，我仍然对此感到内疚……

我记得我哭是因为我听到了宝宝哭而没有回应他，这确实让我觉得有点疯狂。现在知道哭是因为我违背了自己的直觉，这很有道理。

我坐在卧室门外，哭得像个疯子……但现在我知道我只是违背了我的直觉，并不是疯了。

当我丈夫站在婴儿房门外时，我不得不关上婴儿监视器待在楼下。因为我会屈服，会去拥抱她，我真的没有强大到听她那样大哭而置之不理。

他心烦意乱，难受得一塌糊涂，真令人心碎。

现在问问你自己，这些母亲的直觉让她们了解了什么？和我交流过的母亲们都曾不得不无视她们强烈的母性本能，并觉得自己别无选择，这太令人伤心了。有些妈妈，比如下面这位，觉得自己足够强大，可以听从自己的直觉，而不去理会别人不断给她的睡眠训练建议。

> 在生孩子之前，我读过一些关于哭泣控制的书，对我来说似乎没有什么意义，我想坚持自己的想法，那就拭目以待吧。当我的孩子哭的时候，我心里想把他抱起来安慰的那股力量是如此强大。谢天谢地，我做到了，而且从来没有走上哭泣控制的歧途，一个晚上都没有。与别人的意见背道而驰是艰难的，但是我很高兴我相信了自己的直觉。

顶住睡眠训练的压力是一件很难的事情，因为除了育儿专家的书籍、各种求助热线和倡导哭泣控制的网站之外，这似乎也是健康顾问提供的最常见的睡眠建议。如果连国家卫生服务机构都支持哭泣控制，那么我们在给新手妈妈们传递什么信息呢？它是有效的吗？是安全的吗？我很喜欢国际认证哺乳顾问品琪·麦凯（Pinky McKay）在她的文章《反对哭泣控制》（*The Con of Controlled Crying*）中引用的一句话："尽管许多睡眠'专家'声称没有证据表明哭泣控制等方法会造成伤害，但值得注意的是，'没有证据表明伤害'和'有证据表明没有伤害'是完全不同的。"有趣的是，品琪·麦凯来自澳大利亚，而澳大利亚儿童心理健康协会（AAIMH）表示：

> 哭泣控制与婴儿最佳的情绪和心理健康状况不一致，可能会产生意想不到的负面后果。据我们所知，目前还没有相关研究，比如睡眠实验室研究，来评估那些接受哭泣控制的婴儿的生理压力水平，以及哭泣控制对发展中儿童的情绪或心理影响。

有证据表明哭泣控制有效，因为它的确能让婴儿睡得更久，但是关于它可能产生副作用的证据却很不足，这令人不安。正如品琪·麦凯所说，没有证据表明哭泣控制会造成伤害和能够证明它不会造成伤害是完全不同的两个概念。

行为主义和育婴师的盛行

让宝宝哭一段时间，以便他们学会自主入睡或自我安慰，这个现今流行的育儿术语，实际上是引用了艾美特·霍尔特（Emmett Holt）博士早在他1895年出版的《儿童照料及喂养——母亲与育婴师实用问答》（*The Care and Feeding of Children, a Catechism for the use of Mothers and Children's Nurses*）中的概念。

这种理念一直延续到20世纪初，行为心理学家约翰·沃森（John Watson）成为美国心理协会主席。沃森将他行为主义的主要理论应用于养育孩子，并以警告母亲不要给孩子太多的爱而闻名。沃森坚信婴儿的行为和性格可以通过养育来塑造，并给母亲们提出了严格的建议："永远不要拥抱和亲吻孩子，永远不要让他们坐在你的膝盖上。如果非做不可，可以在道晚安时亲吻一下他们的额头，早上和他们握手，如果他们完成了一项非常艰巨的任务，可以拍拍他们的小脑袋以示鼓励。"

行为主义者处理睡眠问题的方法，如哭泣控制，毫无疑问是有效的，而且结果往往立竿见影。问题在于这种变化是如何产生的，它对孩子有什么其他影响，这是不为人知的。我的担忧被英国诗人W. H. 奥登完美地总结出来："当然，行为主义是'有效'的，但也带来折磨。给我一个严肃的、脚踏实地的行为主义者，一些药物和简单的电器，6个月后，我能让他当众背诵散文和诗歌。"

当沃森正忙着建议美国的母亲们不要用爱压抑自己的孩子时，特鲁比·金（Truby King）在新西兰也提出了类似的建议。他创立了普朗凯特协会（Plunket Society），其使命是"确保新西兰儿童是世界上最健康的儿童之一"。他在1942年出版的《婴儿喂养与照顾》（*Feeding and Care of Baby*）一书中，强调了严格的婴儿日常作息的重要性，以及为了塑造孩子独立的性格，应该避免给他拥抱和太多的爱。

循序渐进法

霍尔特、沃森和金的作品在20世纪80年代被理查德·法伯（Richard Ferber）博士进一步推广，这也正是“法伯法”一词的来源。法伯博士的《法伯睡眠宝典——如何顺利解决孩子的睡眠问题》（*Solve Your Child's Sleep Problems*）一书在当时成为畅销书，成千上万的新手父母向他寻求管理孩子夜间睡眠的建议。法伯建议父母们遵循一个常规，即晚上使用他的“循序渐进法”来帮助孩子睡到天亮。这个方法要求父母把宝宝独自留在婴儿房里，然后每隔一段时间就回来安抚哭泣的宝宝，但不要抱起他，每次安抚间隔时间逐渐拉长。这个过程要持续到宝宝睡着，并在接下来的每个晚上得到重复，直到宝宝在没有大人帮助的情况下能够自己入睡。

法伯承认，很多人误解了他的著作，他们把让婴儿自己哭着入睡的过程称为“法伯法”，援引他在一次采访中所说：“很荣幸我的名字在那里，但它也意味着人们对我一直以来的主张有误解，这让我很担心。我一直相信有很多解决睡眠问题的方法，每个家庭和每个孩子都是独一无二的。人们都想要一个简单的解决方案，但没有这样的东西。我从来没有鼓励父母放任孩子哭泣，我在书中所述的帮助孩子形成良好睡眠的方式之一是循序渐进法，即孩子多次醒来时，父母逐渐推迟前去安抚的时间。我在该书第二版中也大费周章地解释说明这种疗法并不适用于所有的睡眠问题。所以如果有人告诉我他们尝试了‘法伯法’，我就知道他们只读了书的一小部分。”

换汤不换药

在过去的几十年里，许多育儿专家提出一种观念，就是让宝宝在有限的身体接触过程中哭一段时间，以鼓励宝宝自主入睡并且不在夜间醒来。许多专家声称他们的方法是温柔的，因为父母确实安抚了宝宝（也许通过抚摸他的额头、抱起他、嘘拍他的腹部和背部），并且专家还为这个过程选择了新的、更吸引人的、听起来更温和的名称，比如间隔安抚、抱起放下、镇定控制和自我安抚等。但事实上，这些方法并不温和，也不能给宝宝提供他们真正需要的东西，对父母来说，这些方法往往也是痛苦的，一点也不温和。

哭泣控制有用吗？

虽然我们不能否认哭泣控制的作用，但更重要的是要理解一些问题。哭泣控制能像 20 世纪的沃森那样做吗？是的，绝对可以。它会让宝宝整夜安静吗？在大多数情况下，它确实可以。它能保证长期持久的效果吗？到这里，研究就陷入了困境。事实上，许多经过睡眠训练的婴儿在大约 9 个月到 1 岁的时候会恢复到经常夜醒的状态，我相信这种夜醒状态的变化与分离焦虑这种正常心理现象的出现是相关的。哭泣控制能让宝宝平和、快乐和满足吗？在回答这个问题时，世界各地的科学家都会发出响亮的否定回应，因为他们不仅考虑了整夜睡眠的结果，还考虑了哭泣控制能起作用的机理。

我认为，许多育儿专家提倡哭泣控制，其实反映了成人对婴儿大脑和神经生理发育的巨大误解。对哭泣控制的信念依赖于一些特定的假设，最突出的一个就是人们以为小婴儿可以像成年人一样自己建立习惯和理性思考，而这些假设很容易被非常基础的神经心理学研究推翻。刚出生的婴儿的大脑是不完整的，它的体积比成年人小得多，同时，大脑中 1000 亿个神经元中的绝大多数还没有联结成神经网。这是什么意思呢？简单来说，就是婴儿根本不能像我们成年人这样思考。人脑中负责逻辑思维的新皮层直到幼儿学龄前才真正开始激活。所以在学步前，婴儿的大脑是非常原始的，只能专注于生存和最基本的情绪，毕竟对新生儿来说，最重要的就是学会生存。

虽然一个小婴儿有限的神经能力会影响他思考的方式，但早期的经历可以而且确实对婴儿大脑神经网的联结有很大的影响。婴儿大脑的神经元突触或联结是他成年数量的两倍，如果某些突触被重复使用，它们就会被加强，如果不被重复使用，则会被消除。这意味着我们可以在孩子很小的时候就对他们的大脑结构进行永久性的塑造，无论是好还是坏。剥夺孩子在婴儿期所需要的身体接触可能改变其大脑的神经元结构与大脑中负责“关系”部分的联结，进而影响孩子成年之后对关系的体验[32] [33] [34] [35]。事实上，关于早期依恋影响的科学研究证实，温暖的、反应积极的照料对婴儿大脑的健康发育至关重要，而且在婴儿时期被允许黏着父母的孩子，在日趋成熟以至成年后，都更容易实现真正意义上的自我安抚。这部分内容将在第八章中详细讨论。

那么，为什么哭泣控制能如此有效地帮助宝宝“睡整觉”呢？理解这个问题最简单的方法就是想象一下你自己很难过或者受伤的时候，你正在哭泣，迫切需要安慰，想从爱的人那里得到一个大大的拥抱，可是他们却完全忽略你，直到 5 ~ 10 分钟后，他们终于出现在你面前，这时你可能会感觉放松许多。但是，他们没有给你所需要的拥抱，而只是抚摸你的额头或者拍拍你的肚子；又或者，他们刚把你抱起就快速放下。当你的哭声变小时，他们就会马上把你推开。现在，问问你自己，你以后遇到这种情况，还会不停地哭吗，还是会放弃哭泣并将你受伤的情绪留在心底？

伊莫金·欧莱利（Imogen O'Reilly），是两个孩子的母亲，也是一名博客作家，她的宝宝曾经历过哭泣控制，她对此的感受真真切切，于是她以孩子的口吻写下这封信，它可能读起来会让你感到有些难受，但能让你更设身处地地从宝宝的角度来看待这件事。

一个经历过睡眠训练的宝宝的来信

亲爱的妈妈，

我很困惑。

我习惯了在你温柔温暖的臂弯里入睡。每天晚上我都能依偎着你，近到能听到你的心跳，能闻到你甜甜的香味。我凝视着你那美丽的脸庞，轻轻入睡，在你的爱的怀抱中，我安然无恙。当我因肚子咕咕叫、脚发冷或需要拥抱而醒来时，你会很快地安抚我，不久我就会再次熟睡。

但上周的情况有所不同。

一整个星期的每个晚上都是这样度过的：你把我放到床上，给我晚安吻，然后关上灯就走了。起初我很困惑，不知道你去了哪里，很快我就害怕起来，我开始叫喊。妈妈，我一直哭喊，但你就是不来！妈妈，我很难过，我非常想你，我从来没有这么强烈的感觉。你去哪儿了？

最终，你回来了！我是多么高兴、多么安心！我差点就以为你要永远离开我了！我向你伸手，但你不肯抱我，你甚至都不看我的眼睛。你只是轻轻搂了我一下，说“嘘，现在该睡觉了。”然后又离开了。

接下来，也像这样，一次又一次。我尖叫哭闹，过一段时间你就会回来，但你不肯抱我，而且间隔时间一次比一次长。

又尖叫了一会儿之后，我不得不停下来。我的喉咙痛得很厉害，我的头仿佛受到重击，我的小肚子咕咕叫，但最痛的还是我的心。我真的不明白你为什么不来。

度过了漫长犹如一生的夜晚，我放弃了。当我尖叫的时候，你不会来，即使你来了，也不会看着我的眼睛，更不用说抱着我颤抖、哭泣的小身体了。尖叫太疼了，不能坚持很久。

妈妈，我真的不明白。在白天，当我跌倒，撞到头时，你会把我抱起来，亲吻我；如果我饿了，你就喂我；如果我爬到你身边拥抱你，你会读懂我的心思，把我抱起来，亲吻我的小脸，告诉我我有多特别，你有多爱我；如果我需要你，你都会立即回应我。

但在夜晚，黑暗又安静，夜灯在墙上投下奇怪的阴影时，你却消失了。我看得出你很累。但是，妈妈，我太爱你了，我只想靠近你，仅此而已。

现在，每到晚上，我都很安静。但我仍然想念你。

哭泣控制的风险

另一种理解哭泣控制生效机理的方法是理解美国心理学家马丁·塞利格曼（Martin Seligman）关于习得性无助的理论，并尝试将其套用到婴儿身上。1965 年，在研究狗的恐惧和学习之间的关系时，塞利格曼先把狗关在笼子里，并在铃响时对狗进行电击。之后塞利格曼把笼子打开，这意味着狗能够跑出去并不再被电击了。然而，当他再次按响了门铃时，这些狗并没有跑，尽管它们完全可以逃出去。狗已经适应了无助，甚至不再尝试避免痛苦的刺激。这些狗已经知道，既然想要逃离电击是徒劳的，那么为什么要这样做呢？同理，这是否适用于一个被哭泣控制的婴儿呢？他为什么不哭闹了？是不是因为继续哭是徒劳的呢？既然没人会来，哭还有什么用呢？

负面影响

哭泣控制的潜在负面影响有很多。它们可能包括以下几个方面：

• 宝宝失去了和父母接触产生的感官刺激，而这种刺激对他们茁壮成长很重要（详见第八章）。

• 宝宝可能整夜得不到足够的营养。如果是母乳喂养，哭泣控制可能会对宝宝造成负面影响，比如厌奶[36]。

• 宝宝的皮质醇水平升高可能导致大脑神经受到损伤[37] [38] [39] [40] [41] [42]。宝宝在婴儿期持续分泌皮质醇，会影响他们对应激的反应性和适应能力的发展，哭泣控制的负面影响很可能导致他们成年后，遇到压力时就会分泌过多或过少的皮质醇。这两种情况都是不理想的，因为过多的皮质醇易导致焦虑和抑郁，过少的皮质醇易带来矛盾心理和情感淡漠。

• 宝宝的脉搏、血压和体温都可能升高。

• 在这个过程中宝宝可能会呕吐，不可思议的是一些婴儿训练师竟然认为这是宝宝在反抗睡眠训练，并提议不要理会他！

• 还有正如我们刚才看到的，宝宝可能形成习得性无助。

• 对安全依恋的潜在负面影响。

考虑到这些，居然还有如此多的专家仍然建议以哭泣控制作为解决婴儿睡眠问题的“黄金方案”，让我感到很震惊。事实上，证据表明[43]，美国有 61% 的育儿书都有支持哭泣控制的内容。这种方法在过去的几百年间持续流行，这成为困扰许多心理学家的一个问题[44]，尤其是当已有的最新研究表明在对宝宝进行哭泣控制时，宝宝出现了非常真实的不良生理变化。最近的研究表明[45]，哭泣控制的影响不仅在刚开始的几天里，当孩子持续哭得很厉害的时候，不仅使妈妈感到压力，它还会继续以提高皮质醇水平的形式对宝宝产生负面生理影响，即使在宝宝停止哭泣甚至看起来感到满足之后，这种影响仍然存在。研究人员从婴儿的角度评论说：“他们在睡眠过渡期间虽然不再表现出行为上的痛苦，但他们的皮质醇水平却升高了。”

回想一下之前关于神经可塑性的讨论，以及婴儿的皮质醇受体可能由于缺乏强化而被删除，不难发现哭泣控制的问题可能会更加突出。它对孩子将来会有什么影响？这是心理治疗师苏·格哈特（Sue Gerhardt）在她《为何爱如此重要以及情感如何塑造婴儿大脑？》（*Why Love Matters and How Affection Shapes a Baby's Brain*）一书中讨论的一个问题："如果在早期的经历中，大脑中储存了大量的皮质醇受体，那么将来压力激素释放时，大脑就能更好地吸收它，这让婴儿的大脑能够在处理压力来源时停止分泌皮质醇，压力反应在不被需要时就会快速关闭。"

儿科医生保罗·弗莱斯（Paul Fleiss）博士在他的书《甜蜜梦乡：让孩子睡个好觉——一个儿科医生的秘密》（*Sweet Dreams: a pediatrician's secrets for your child's good night sleep*）中有一段关于哭泣控制的经典总结：

> 如今，人们经常听到这样的说法——婴儿能够并且应该学会"自我安抚"，无须与父母进行任何身体或情感上的互动。这是不对的。对于父母来说，能让孩子在经历夜醒后，自己平静下来、进入睡眠状态最好的、最有效的方法，就是在孩子婴儿期时证明父母是随时陪伴而且是可以被依赖的。否则，从睡梦中被唤醒的创伤性事件给宝宝所带来的情绪上的不安和沮丧，可能会由于他害怕被遗弃和不被喜欢而加剧。如果宝宝知道，当自己难过醒来或伤心哭泣需要妈妈时，妈妈一直陪伴身旁，那么他更有可能成长为一个自力更生又自信的人，也意味着他更具备自己面对夜醒的能力。当孩子需要或想要情感支持却被剥夺时，极易造成孩子情绪不稳定，这种影响甚至持续到成年后。在宝宝需要的时候抱着他，才是最好的做法。

选 择

那么，以上这些研究对世界上那些睡眠不足的父母来说意味着什么？这是否意味着你必须要承受无尽的疲惫？是否意味着无论宝宝晚上醒多少次，你都不应该抱怨或试图改变他的睡眠行为？是否意味着即使你担心不眠之夜对你与宝宝的亲密关系和情绪健康有影响，却还要坚持下去？答案当然是否定的。正如我在本书开头所说，你很重要。“快乐妈妈＝快乐宝宝”这句话在那些哭泣控制的拥护者间广为流传，这是有一定道理的。但是我坚定地认为：（1）哭泣控制并不能让妈妈们真的快乐，反而会让她们感到难过；（2）宝宝和妈妈的快乐比睡整觉重要得多；（3）不进行哭泣控制也能对宝宝的睡眠进行积极的干预。事实上，其他的一些养育技巧甚至可以帮助建立母婴亲密关系、改善母乳喂养（如果这是你选择喂养婴儿的方式），以及帮助安抚妈妈和宝宝。我想说的是，你是可以做选择的。你可以做很多事情来改善，我们将在下一章讨论这些。

特蕾西的故事

利伯蒂一直被许多人定义为“黏人的宝宝”。她喜欢每时每刻都和我在一起，不喜欢和陌生人打交道，只想待在有我的地方，包括睡觉的时候。她绝大多数时间都跟我待在一起，我的丈夫也觉得我们花在她身上的时间太多了，因为每天晚上得坐在她床边抚摸她直到她睡着，如果她半夜醒来，我们又得重复一遍这些步骤，真是受够了。我们需要一些属于自己的时间，而且睡眠越来越少对谁都不好，当然对利伯蒂也不好。

当时，我经常访问一个在线育儿论坛，于是我在那里请教其他妈妈的意见。“哭泣控制”一词被反复提及。她们说：“它不适合每个人，的确令人揪心，但很快就会见效！”令人揪心的感觉让我听起来不太舒服，但我实在太累了，每晚在女儿房间里前前后后一共坐两个多小时，后背疼得厉害，所以我想尝试另一种选择。

我们在网上查资料，发现理查德·法伯的《法伯睡眠宝典》中提到了我们有些质疑的哭泣控制法。它承诺在几天内解决所有问题，于是我赶紧订购了这本书。在拿到书之前以及阅读过程中，我也尝试了解如何正确操作，譬如开始更规律地作息、确保每晚沐浴、哺喂、讲故事，然后睡觉，这样利伯蒂就知道每天晚上都会发生什么。

我们实行哭泣控制的那一天到来了。我清楚地记得那是一个星期五的晚上，因为计划是到下周一上班之前，利伯蒂就能学会自主入睡，这样我们以后也能有二人世界了！书中建议第一天晚上返回安抚的间隔时间依次是3分钟、5分钟、10分钟，直到宝宝入睡，但我感觉不舒服，所以我们决定开始间隔2分钟，最多到8分钟。

第一天晚上，我吻了利伯蒂道晚安，脸上挂着一个大大的微笑来掩饰我的焦虑，告诉她要做个好宝宝，明天早上她就能见到我。她笑了笑，然后我迅速离开了房间。我刚走下楼梯，她就开始尖叫和哭泣。这真是太可怕了，我早就知道会这样，但我和丈夫只是坐在沙发上，听着婴儿监视器传出的声音，感觉度秒如年，直到两分钟终于过去了。我回去看她，让她躺下，低声说：“现在是晚上了。”然后摸了摸她的背。

眼泪从她脸上滚落，我不想再离开，但我不得不这么做。她在第一个晚上哭了将近一个小时，直到监视器终于安静下来，但我想她是已经哭累了才睡着的。然后我按照建议，上楼去轻手轻脚地给她清洁、换床。在把她放回床上之前，我还是要拥抱和亲吻她一下，我想是出于母亲的本能。好吧，我们已经做到了，但不知怎么的，这感觉就像一个空洞的成就。当我再去看她的时候，她热得流汗，头发黏在脸上，我感到很难过。

第二天晚上我们的程序照旧，我刚离开，利伯蒂就立刻哭了起来。但是，20 分钟后监视器就沉默了；谢天谢地，我感觉比前一天晚上的压力要小得多。第三个晚上几乎完全成功了，她只呜咽了几分钟，又哭喊了几分钟就平静下来了。那本书建议我们花 2～7 天的时间来完成这个睡眠训练，不可否认的是，它最终成功了。但我觉得很内疚，因为我们让女儿经历了这个过程，而她所做的一切都是通过哭泣来告诉我们，她想和我们在一起，我们本应该接受的。我后来也了解过关于长时间让婴儿哭泣可能产生的长期影响，我真的感到内疚和后悔。

当我的第二个孩子诺亚出生时，我给他母乳喂养的时间比女儿更长。每次中午和晚上他都是吃过奶才睡的，所以在他大约 1 岁的时候，我们再一次遇到了同样的问题。他一定要吃奶入睡，而且晚上会醒几次，每一次都要吃奶才肯重新入睡，我的丈夫几乎帮不上什么，这让我非常疲惫。一天晚上，我们又有些不堪重负了，于是坐下来讨论接下来该怎么办。我的丈夫再次提到了哭泣控制，但我知道我不能再那么做了。我想要一种温和的方法来帮助诺亚自我安抚，至少不会引起太多的心痛。虽然会花更长的时间，可能大约一个月，但对我们所有人来说，这是一个更平静的学习过程，会好很多。

总之，我认为一个母亲必须在阅读了有客观证据支持的科学文献后再做出明智的选择，如果没有的话，就应该相信自己的直觉。我希望我能够重新度过和女儿的幸福养育时光。

第七章

可以让你拥有优质睡眠的 10 种方法

从绝望到希望，最好的桥梁是睡个好觉。

——E·约瑟夫·科斯曼（E. Joseph Cossman），商人、企业家

很多新手妈妈问我，除了哭泣控制以外，有没有什么办法可以帮助宝宝在晚上多睡一会儿。当我自己作为新手妈妈时也非常想知道正确答案，但很难找到一种以下类型之外的方法：

他需要断奶了，毕竟他都快16周龄了，已经是个大宝宝。给他一点儿婴儿米糊就行了。

试着在睡觉前给他补喂点奶，他可能饿了。

如果你让他哭一会儿，而不是总抱着他，他就能学会自己入睡，而这正是你的宝宝需要的。

买些遮光的百叶窗，确保你们每天晚上都在相同的时间睡觉，让他在上床之前保持清醒，永远不要让他在你的怀里睡着。

当我还是一个新手妈妈的时候，我尝试了所有的方法。我的第一个孩子在6个月大的时候就能睡整觉了。他现在已经10岁了，却总是花很长时间入睡，并要求更多的拥抱、亲吻，总要再喝点东西，还要求开着门、亮着灯，找各种借口不独自睡。事实上，他从1岁起就这样，在这之前我们只经历了很短暂的安静夜晚和易哄睡时间。他还出现了一些可能由于过早断奶而引起的问题，这些内容在第六章中已经详细讲述[46][47][48]。

让父母和宝宝都能拥有更多睡眠的温和方法

在这一章中，我将讨论一些方法，帮助你和宝宝得到更多的睡眠，而不是过早求助于断奶和哭泣控制。我必须重申，对我来说，父母对孩子的睡眠有着切实的期望可能才是最值得学习的。在本章最后提到的母婴同室，也许是可以让你们获得更多睡眠的最好方法之一！

倾听你的宝宝

不久前，产前培训班的一位新手妈妈给我打电话，我们聊了很长时间，聊到了她在家里水中分娩的美好体验。她告诉我，她和女儿的亲密关系很快就建立了，母乳喂养也进行得很顺利，在很大程度上，她很享受和宝宝在一起的时光。但当她的孩子大约 8 周龄时，她遇到一个大问题，这也是她打电话给我的真正原因："萨拉，她的睡眠糟糕透了，我不知道该怎么办，你能帮帮我吗？"

我请她描述具体情况，她回答说："她总是在喝奶的时候睡着，而且要一直睡在我的臂弯里，只要我一把她放进睡篮里，她就醒来并开始尖叫。"我问她如果不把孩子放下来会发生什么。这位新手妈妈回答说："那样的话，她很喜欢，她可以睡上一整夜，她只是讨厌睡篮。"我建议她尝试不把孩子放到睡篮里，可以考虑白天用婴儿背巾，晚上母婴同床。

她回答我："我不介意那样做，我喜欢她在我身边，但我妈妈和我的健康顾问认为她必须学会独立入睡，我担心如果不把她放下，让她独自睡觉，她以后的睡眠就会很糟糕，说不定会养成不好的睡眠习惯。"但最终她还是接受了我的建议。后来很顺利，她和孩子都成了婴儿背巾的狂热粉丝，并且在接下来的两年里，她们也平和地母婴同床。有趣的是，当她开始倾听宝宝之后，宝宝的睡眠问题也消失了。婴儿虽然不会说话，但他们非常善于表达自己的需求，所以我们应该试着倾听他们。

相信你的直觉

我仍然清晰地记得许多年前，凌晨时分，我坐在床上，给依偎着我的小宝贝喂奶的奇妙感觉。我们经常一起睡着，然后我会惊醒过来，想着该把他放回婴儿床了。可是每当我把他放下来的时候，他不是要求吃奶，就是在我放下他的时候开始拼命地哭。然后我就会坐在那里，摇着婴儿床，发出嘘嘘的声音，或者唱摇篮曲，抚摸他的额头。

如果他还不肯睡，我丈夫就会带他在走廊里来回踱步。在一些糟糕的夜晚，他会把宝宝放到安全座椅中，在我们院子里的车道上来回开，帮助他平静下来；在更糟糕的夜晚，他也曾穿着睡衣带着宝宝在村里来回兜风好几个小时。我当初如果相信我的直觉，而不是我读过的书、好心的朋友和健康专家给我的警告，我可能就不会一再忽略我自己的感受，而让孩子回到婴儿床上，那样可能会带给我们更平和、安宁的夜晚，让所有人都能睡个好觉。下面这位母亲也经历过相似的事情：

> 抚养第一个孩子是最困难的。我那时严重睡眠不足，也不知道可以母婴同床。当第二个孩子出生时，我的丈夫在外工作，留下我和两个不到2岁的孩子。我索性听天由命，扔掉了育儿书，把小女儿抱到床上和我们一起睡。就这样，母乳喂养变得容易多了，我也拥有更多的睡眠，白天我也就有精力应付另外一个蹒跚学步的孩子。小女儿最终成了我们家里睡眠最好的人，她在7个月的时候就能睡整觉了。后

来，我的第三个孩子从一开始就跟我一起睡，因为我知道这样做能让自己压力减轻很多。如果我晚上能好好睡觉，全家人的生活就会更好。

预期会发生的事

我们可以利用上一章的行为主义理论知识帮助我们想出更温和的方式来安抚宝宝。婴儿确实从很小的时候就开始学习，但与成年人不同，他们的学习方式要简单得多。他们学得最快的是预期接下来会发生的事情。我很快就明白了这点，如果我给宝宝洗个澡，在他房间里的毯子上给他按摩，点一盏昏暗的灯，然后在摇椅上给他喂奶，他就会自然地睡着。他似乎已经学会了“洗澡 + 按摩 + 昏暗照明 + 食物 = 床和睡眠”这个模式。尽管白天没有特定的午睡和喂食惯例，但他会遵循这种相对固定的节奏，而且到了晚上，我都会坚持同样的“仪式”。我们并不是每天给他洗澡，但我总是给他按摩、更换不同的婴儿睡衣，然后坐在昏暗的光线下哺喂他。

与严格例行公事相反，这种“仪式”的好处是不受物理空间限制，也就是说无论你们在哪里，你都可以给宝宝进行同样的“仪式”，因为它不需要严格的时间节点或特定的育婴设备。还有研究[49][50][51]表明，单单抚触按摩就可以帮助婴儿更快入睡，并拥有更长时间的睡眠。我们的小仪式成为一个强大的睡眠触发器。

条件刺激和提供信息

还有一个将行为主义理论积极应用的例子，就是我为睡前仪式增加了两个信号：气味和声音。

针对气味，我购买了一个电池供电的香薰风扇（最好是电池供电的，可以不需要使用插座，更方便携带和使用，尤其是在度假时），添加一滴洋甘菊精油、一滴薰衣草精油，在每天晚上按摩和喂食时使用。我自己也一直使用同样的精油，它们具有舒缓、镇静和助眠的功效，这样可以让气味、放松和睡眠之间的联系更加紧密。

对于声音，我买了一张让人放松的轻音乐 CD，每晚在给宝宝按摩、拥抱和给他喂奶时播放。气味和音乐已经成为非常强烈的信号，即使在孩子们四五岁时，当他们晚上听到这些轻音乐，也会很快进入睡眠状态。如果他们觉得难以入睡，特别是当他们长牙或身体状况不佳时，这种气味也会奇迹般地使他们平静下来，慢慢入睡。

这种方法在度假时效果尤为明显，因为对宝宝来说，环境是陌生的，但这些信号让他们仍然有家的感觉。记住，这个方法生效是需要成熟条件的，也就是说你不要指望第一次或前几次使用音乐 CD 或精油就能直接产生“魔力”，你必须先让宝宝熟悉“这种气味 / 音乐 = 平静”，即帮助孩子建立起这个联系，这是需要时间的，尽管结果不会像哭泣控制那样立竿见影，但是时间久了你一定会看到效果的。

安抚物

我认为人们常常对安抚物有些误解，认为它们是具体的物品，能够让宝宝通过触摸、拥抱来自我安抚，但我一直相信安抚物（对于我的长子来说，它只是一个有柔软标签的打结棉布）最重要的是味道，而最重要的味道就是妈妈的味道。在琳恩·默里（Lynne Murray）所著的《社交宝宝》（*The Social Baby*）一书中，有一些令人惊叹的照片——新生儿会靠近妈妈胸衣里的垫片，这样就更容易闻到妈妈的气味，同时忽略那些没有这种气味的东西。嗅觉对于所有哺乳动物的哺喂和亲密关系的建立都至关重要，人类当然也不例外！

英国儿科医生和精神分析师唐纳德·温尼科特（Donald Winnicott）将安抚物称为“母亲的替代品”，并认为它们是从依赖过渡到独立的重要桥梁。

我并不认为这对所有宝宝都很重要，有些宝宝压根就不需要它们。但是如果你需要休息片刻，或者在宝宝准备好和你分离之前要将他交给其他人照顾一会的时候，安抚物可以有效帮助宝宝，它可以让宝宝通过气味认为你还在附近，即使在夜晚也可以发挥作用。如果你想选安抚物，我推荐使用棉织物，因为它们可以很轻易地染上你的气味。你可以试着在白天的时候将它放在你的上衣里，让它充分吸收你的气味，这样使用它能让你的宝宝更有安全感。

如果你真的想用安抚物来安抚宝宝，记住至少要准备两个。这是经验之谈，因为如果宝宝突然失去了一个心爱的安抚物而没有替代品时，你将面临巨大的压力。我的儿子曾失去了他的安抚巾，那是我从外国买回来的，很难找到替代物，所以我们有几个星期都很不开心，他没有安抚巾就不想睡觉。

裹襁褓

如果你的宝宝还很小，并且你觉得母婴同床不适合你，那么襁褓便可以在促进宝宝睡眠方面发挥神奇的作用。它的作用表现在三个方面：（1）帮助宝宝保持一种被抱着的感觉；（2）抑制惊跳反射；（3）帮助宝宝保持温暖舒适。在裹襁褓时，有一些安全规则要牢记在心（具体阐述见第三章）。如果你是母乳喂养，那么在裹襁褓之前一定要确保宝宝已经完全适应了母乳喂养。别忘了和你的宝宝尽可能多地皮肤接触，在你给宝宝的“洗澡 - 按摩 - 哺喂”程序完成后，再给宝宝裹襁褓真的很有用。

爸爸的拥抱

当宝宝长大一些，在我特别筋疲力尽的那些夜晚，我会自己一个人睡在其他房间，把宝宝留给我的丈夫来照顾。他也会抱起宝宝，也会回应宝宝的哭泣，但不是直接把宝宝抱在胸前。所以我建议只是在妈妈迫切需要补眠的时候，再把宝宝交给爸爸来照顾。

通过喂奶让宝宝平静

能让宝宝平静下来的另一种方法就是喂奶。在我最小的孩子 12 个月龄时，她每天晚上仍然要吃四顿奶，于是我干脆让她随时都能吃到母乳（不满足她反而会适得其反），当她平静下来并开始打瞌睡的时候，再把她从我的乳房上移开。这样，她就会知道在她需要的时候，她随时都可以吃到奶，但不能吃着奶睡觉，因为吃奶只是为了帮她平静下来。我想，当她意识到自己想吃母乳的时候就可以吃到，而并不是为了入睡，她似乎就不会那么依恋乳房了。这是针对大一点的宝宝的建议，我认为 6 个月龄以上更加适合。

以睡养睡

我刚成为母亲的时候，很多人建议我"以睡养睡"，那时我还不理解，但现在我明白了。我和一个助产士朋友讨论我 6 个月大的孩子入睡困难的事情时，她说："萨拉，有没有可能是你给他安排的活动太多了？他可能是累过头了。"这让我很震惊，因为我当时还在想尽一切办法让他的每一天都被活动填满，总以为活动越多，他就会越累，他的睡眠也就会越好。我给他安排的活动包括婴儿瑜伽、婴儿游泳、婴儿音乐、婴儿手语、婴儿舞蹈以及早教班。我之前每天至少给他安排一项活动，有时是两项，我认为这会对他成长很有帮助，并且能让他消耗很多精力（其实我也累坏了！）。

我决定做一个实验。我们在家待了一个星期，我只是抱着他，安静地散步，仅仅进行一些日常生活活动，例如做家务，结果他的变化让我吃惊——他睡得比前几个月都好，不仅如此，他还变得更平和了。于是我后来生下的三个孩子几乎都不再参加任何小组活动，也不去上任何训练课，并且他们每个人的睡眠都非常好。这只是巧合吗？

我现在常常对宝宝满满当当的社交生活感到震惊，也总是心疼他们这么幼小却要每天接受那么多新刺激，这对他们来说太难了。我也经常在课堂上强调家长让自己平静下来的重要性。为了拥有一个平和、能够安静入睡的宝宝，我们必须先成为平和的父母！

母婴同房及同床

与宝宝同床共枕可能是父母享受安宁睡眠最美妙的方式之一，但是这个观念一直笼罩在神秘的迷雾之中不为大众所知。

我决定调查英国母婴同床的实际比例，因为坊间流传的数据通常是60%～70%，而几项科学研究表明这个范围是40%～80%，这取决于许多因素，包括种族、父母年龄和宝宝年龄。所以我自己做了一个小型调查，并收到了来自英国母亲们的250个回复。

我的问题很简洁：你是否曾经跟宝宝同床共枕？多达92%的人坚定地回答“是”。然后我问她们是否介意和我分享她们选择和宝宝同床的理由，以下是我收到的一些回复：

> 我们选择母婴同床，是因为我们的第一个孩子在他的睡篮里无法连续睡眠超过45分钟。在我尝试让他养成睡眠习惯但失败后，就决定让他跟我们睡一张床，这是很棒的选择，尤其是当我还在哺乳期。我们一直同床睡到他8个月大。现在我们的女儿出生了，我们甚至没有试过把她放在小床上或睡篮里，而是直接让她躺在大床上和我们一起睡，晚上她能一觉睡4个小时，这就意味着我们都能睡个好觉。

我的宝宝不管是自己睡还是和我们一起睡都能睡得很好。我们不是每天都整晚一起睡，但通常是在凌晨3点她吃饱夜奶之后，就会让她直接在我们的床上继续睡，可以说这是改良式母婴同床，因为宝宝上半夜是睡在婴儿床里的。她似乎对这两种安排都没意见，但我喜欢她挨着我。母婴同床是我之前从来没有想过的，在我生孩子之前，我甚至坚决反对母婴同床，并且还发誓永远不会这样做。

我第一次生育就产下了一对双胞胎儿子。我们有一个拼接小床，所以我们从一开始就计划母婴同房。我们觉得这样做更有助于我的产后恢复，也更能安抚孩子们。不过母婴同床并不是我们原计划中的，一开始只是为了解决睡眠不足的问题，最后自然而然地就保持了同床的习惯。直到宝宝们7个月大的时候，才停止母婴同床。因为孩子们变得太活跃了，非常好动，就像猴子似的，他们每次夜里醒来都会爬到床边，这让我们很担心他们的安全。

这种亲密感真的太棒了。当母婴同床时，我们都睡得更好，宝宝不会发生睡眠呼吸暂停（屏气）等问题。而且我还发现，当他和我挨在一起睡时，他的呼吸模式与我是同步的。

我的宝宝刚出生的时候不愿意一个人睡，所以我们把他抱到大床上，这样他就可以好好睡觉了！现在他6个月了，已经可以在自己的婴儿床上睡一段时间了，但在吃完早上那顿奶（大约6点）之后，他还是会和我们一起在大床上睡。

目前看来，母婴同床还不错。我简直无法想象把宝宝一个人整夜关在一间漆黑的房间里会发生什么。对我来说，那感觉不对劲，一点都不自然。母婴同房的意外收获是使我也得到了更多的睡眠。

我们选择母婴同床是因为夜间母乳喂养更容易，而且在睡觉的时候，母亲和宝宝在一起会更好。我的两个孩子现在分别是5岁和8岁，他们如果半夜醒来或者早上醒得早，通常就会来我们的床上一起睡！我认为一家人睡在一起是一件非常美好、舒适的事情，甚至是在孩子看电视，而父母却想睡觉的时候……

我相信母婴同床对我们和孩子都是最好的。在她出生前，我做了很多研究，我意识到那些提出“母婴同床有风险”的文献是有逻辑缺陷的，因为它们通常没有区分有意和无意的同床。我们努力创造一个安全的睡眠环境（足够的空间，安全的床品等），并意识到风险因素（例如喝酒）。同床可以确保在孩子的成长过程中，所有人都能得到更好的睡眠，因为我可以在宝宝需要的时候给她喂奶，她不需要为了得到我的注意而心烦意乱，而且我们都不需要完全清醒，所以重新入睡更加容易！有一张家庭床也有助于增进父亲和宝宝之间的亲密关系，父亲整天在外工作，晚上的同床让他们有更多时间亲近对方——我们的宝宝经常握着父亲的手指睡着。

这种感觉很美好，母婴同床对我和孩子来说完全正常。他很开心，我也很开心。我们都睡得很好。它让生活变得轻松，我也完全有信心跟随自己的直觉去做母亲。

既然可以整夜依偎在一起，为什么还要从床上爬起来喂奶呢？

首先，我的直觉告诉我应该和宝宝一起睡。我选择母婴同床之初有点紧张，所以也纠结过一段时间，那段时间我经常在喂夜奶的时候和宝宝一起在沙发上睡着！我累坏了，但是没有什么比和妈妈睡在一起更能安抚他的了，所以我很快就意识到我内心的挣扎是多么愚蠢，我早就应该坚信母婴同床是更好、更安全的选择，我应该接纳它。我后来又研读了关于如何安全地母婴同床的内容，进一步消除了我的忧虑。

我的两个孩子都是母乳喂养的，我实在是懒得从温暖舒适的床上爬起来喂他们，而且侧身躺着喂饱孩子，然后再躺平睡觉确实轻松多了……考虑到母乳喂养可以降低大约三分之一出现婴儿猝死综合征（SIDS）的风险，而且我自己身上没有其他的风险因素（如喝酒等），我不认为母婴同床是危险的。在符合规范的母婴同床睡眠方式中，婴儿猝死综合征的发生率是很低的。

我等了她 15 年，我才不要和她分开。八次试管受孕会改变你的很多看法。

避免与宝宝同床共枕的潜在风险

在调查中，我还询问了母亲们是否意识到和宝宝同床睡眠的潜在风险（比如自己的身体压到或滚到宝宝身上，导致宝宝窒息的风险），98% 有过母婴同床经历的人都回答“是”。我接下来自然会问所有母婴同床过的人是否知道如何降低这些风险，95% 的人回答“是”，而剩下 5% 的人不知道如何降低这些风险。虽然 5% 并不多，但我希望这个比例是 0。

所以我在下面列出了减少母婴同床潜在风险的一些做法：

1. 理想情况下，建议只在哺乳期母婴同床（母乳喂养时母亲对自己的宝宝有更强的感知，因此不太可能翻身压在宝宝身上，而是更有可能在宝宝旁边摆出一种保护性的“摇篮式”姿势），因为母乳喂养本身也能一定程度预防婴儿猝死综合征。

2. 认真选择你的睡眠环境，只和宝宝在床上睡，不要在沙发或豆袋（懒人沙发）之类的东西上睡。确保床垫牢固，枕头、毯子和羽绒被都要远离宝宝，以免造成宝宝窒息。还要确保房间不要太热。

3. 小心规划你和宝宝睡觉的位置。你应该睡在宝宝和伴侣之间，而不是把宝宝放在你和伴侣之间，因为你的伴侣不一定有你那种保护宝宝的本能。确保你的宝宝在你的臂弯里，也就是要低于你的枕头，你的身体应该在你的宝宝身边形成一个保护的“框架”（见下一页的插图）。永远不要让宝宝趴在你的胸口睡觉，因为他可能会滚下来。经常确认你的宝宝没有被卡在床和墙之间，或者卡在床护栏的一侧（如果你使用护栏的话）。理想情况下，床可以低一些，尽可能靠近地板，比如榻榻米，或者把床垫直接放在地板上。你也可以购买专门为母婴同床设计的床中床和床围护栏（见下页框内小贴士），以防止你的宝宝从床上掉下去或者被困在床和墙之间。

4. 如果你或你的伴侣吸烟，千万不要和宝宝同床。

5. 如果你或你的伴侣饮酒了，千万不要和宝宝同床。

6. 如果你正在服用处方药，千万不要和宝宝同床。

7. 如果你劳累过度，千万不要和宝宝同床。

8. 摘掉项链，把头发扎起来，不要穿可能会给宝宝带来窒息危险的衣物，如系带子的睡衣。

9. 如果宝宝发烧或有其他不舒服的感觉，千万不要和他同床。

10. 如果你的宝宝早产或出生时体重过轻，请不要与他同床。

形成保护“框架”的睡眠位置

母婴同床用品

床中床可放在大床上，便于哺乳和安抚宝宝，同时它能为宝宝提供一个相对独立的睡眠环境。能拼接在大床上的小床也是一个不错的选择，将小床拼在大床一侧，随时可以拆除。还有“床围”（Humanity Co-sleeper），它是一种特殊的面板和护栏，能防止宝宝从床上掉下去。

许多医疗保健专业人士强烈反对母婴同床，而事实上婴儿死亡研究基金会（FSID）给家长的建议是：最安全的做法是在宝宝6个月以前同房不同床。我个人的观点是，父母的选择都应该得到支持，并且应该有专业人士给他们提供相关信息。如果父母希望和孩子同床，那么我坚信专业人士有责任帮助他们尽可能安全地实施。事实上，我们已经知道，大约60%的新手父母确实在某个时候和他们的孩子同床睡过，但是大多数都是悄悄做的，并且不愿承认，因为这样做或许会让他们感到内疚；还有些父母坚持和宝宝同床，哪怕没有足够的信息支持这样做。所以我认为帮助这些父母了解如何尽可能地降低母婴同床的风险是非常有意义的。

我必须承认我对这一点有强烈的执念，因为母婴同床挽救了我女儿的生命。在我女儿 2 个月龄的一天晚上，我忽然醒来，发现她静静地躺在我的臂弯里，脸色发青。她已经停止了呼吸！我本能地摇了摇她，朝她脸上吹了口气。令我大感欣慰的是，她喘了口气，又开始呼吸了。我不知道她停止呼吸多久了，也无法想象如果我没有叫醒她并刺激她呼吸将会发生什么。我知道的是，如果她不在我的怀里，我不确定我是否会被一种不对劲的感觉惊醒。是母婴同床救了她的命吗？我不知道，但我很庆幸那天晚上我们睡在一起。

母婴同床的谬见和误解

关于母婴同床有很多谬见。批判的观点认为这种做法很危险、奇怪，而且不自然，还会让孩子变得黏人，甚至永远学不会独立。母婴同床确实会有危险，如果你和宝宝一起在沙发上睡着，如果你抽烟、喝酒，或正在服用处方药期间和宝宝同床的确很危险，以上情况必须避免。但是，如果你遵循前面提到的简单规则，母婴同床其实并不危险。事实上，还没有研究表明按照上面列出的规则进行母婴同床会有危险。

即使是最近用来说明母婴同床危险的研究[52]也表明，有准备的母婴同床并不会增加婴儿患病的风险，研究人员对他们的发现是这样解释的：“正常的同床共枕不会增加患婴儿猝死综合征的风险。但是，如果母婴同床并不是常规，那么偶尔的母婴同床会使宝宝患病的风险增加两倍。”

此外，许多用来证明母婴同床可能具有危险性的研究都存在逻辑缺陷，研究往往充满变量，也就是说研究人员会忽视很多细节和会影响研究结果的活动，这意味着研究过程不可靠，且缺乏可复制性，可能导致研究结果很大程度上是无效的。处理因素、研究对象和研究效应是临床研究的三个基本要素，没有它们，就无法从研究结果中总结出正确的结论。

在这种情况下，没有人能确定地说“母婴同床是危险的”。用负面的研究结果告诉父母不要和孩子共眠，与其说是天真，不如说是欺骗。

我想在此引用威廉·西尔斯博士的话：

> 除非有一项合法调查能统计出与父母同床的婴儿总数，并将其纳入婴儿猝死综合征的研究中，将在婴儿床上睡觉和母婴同床睡觉过程中分别发生婴儿猝死综合征的数据进行比较，说明母婴同床的婴儿猝死综合征发生率更高，否则那些认为睡在婴儿床上比母婴同床更加安全的说法就是毫无根据的。如果睡在婴儿床上的婴儿猝死发病率比睡在父母床上的要高得多，而且由于意外窒息和受到束缚导致猝死的病例只占婴儿猝死病例总数的1.5%，那么母婴同床会比单独睡婴儿床安全得多。所以我们不该告诉父母不能母婴同床，而是应该指导他们如何安全地母婴同床。

把宝宝留在你的床上！

虽然安全方面的担忧减少了，但我们又遇到了新的阻碍，母婴同床的反对者告诉我们：“这对宝宝不好，这会让他们很难学会独立。”我赞成让宝宝独立，但是在独立之前首先是依赖。婴儿出生后，他们需要我们，否则他们就无法生存，事实上，他们直到大约3个月大时才开始意识到，他们自己是独立于我们而存在的实体。有很多研究（详见第八章）谈到婴儿依恋、亲子亲密关系的重要性，以及孩子在需要时能及时得到父母庇护对于培养一个孩子（直至成年）的自信有多么重要。在婴儿准备好之前，把他们和父母分离并不会使婴儿自主或独立，而是剥夺了婴儿的基本需求。

或许也有反对者说母婴同床不利于夫妻关系，说养育孩子是夫妻感情的一道障碍。然而，事实上夫妻关系破裂的最大原因之一是压力。想象一下，一个每晚都在婴儿床上不好好睡觉的宝宝，和一个与你同床但是能平和入睡的宝宝相比，你觉得哪一个让你压力更大，进而更多影响你和伴侣之间的关系呢？我相信母婴同床不会破坏夫妻关系，而且恰恰相反，它甚至能增进夫妻感情！

其他国家的母婴同床情况

在世界上许多国家和地区，母婴同床是一种文化习俗，但在关于婴儿猝死综合征的争论中，最有趣的例子来自东亚地区。20 世纪 90 年代，日本的婴儿猝死综合征比率仅为西方的 10%，而中国的比率仅为 3%。那么，西方社会与日本和中国有何不同？母婴同床在日本和中国都是很正常的！一些研究也向我们表明，不同社会文化背景的育儿行为对婴儿猝死综合征的发病率有影响。例如，英国杜伦大学（Durham University）睡眠实验室的人类学家比较了英国家庭和巴基斯坦家庭的育儿方式和婴儿猝死率[53]，发现巴基斯坦婴儿比英国婴儿猝死率低的原因之一在于前者更多与父母同床。与英国父母相比，巴基斯坦的父母较少吸烟、喝酒和坐沙发，而这些恰恰都是上文提到的容易导致婴儿猝死综合征发生的危险因素。那么，如果我们去学习巴基斯坦母婴同床的做法，相对较高的婴儿猝死风险就有可能降低，那真的很了不起啊！

还有其他一些细节也多少能说明宝宝睡在你的床上比独自睡更安全，比如边缘系统调节和气体交换（见下文框内小贴士），以及母婴靠近时婴儿呼吸暂停（屏气）程度降低[54]。母乳喂养还能让妈妈们提高唤醒能力，从而加强对宝宝的关注。这些都让我们不得不怀疑，让宝宝独眠的我们是否忽视了进化的智慧。

边缘系统调节和气体交换

边缘系统调节是一种自然的生理现象，母亲在神经反应和化学反应上与孩子同步，孩子也与母亲同步。研究[55]表明，母婴同床的睡眠周期是相互交织、同步的。事实上，进一步的研究[56]表明，母亲的身体机能起着调节婴儿身体的作用，可能是帮助提高婴儿体温或调节婴儿呼吸模式。

气体交换是一个专业术语，用来描述吸入的氧气和呼出的二氧化碳在人体内进行交换的过程。在母婴同床时，气体交换的过程得以深化，即母亲呼出二氧化碳的过程可以被看作是在促使婴儿吸入氧气，某种程度上能让婴儿的呼吸保持稳定并降低婴儿呼吸暂停（屏息）发生率[57][58][59]。

母婴同床也意味着妈妈和宝宝都能拥有更多的睡眠。科学研究[60]一再表明，母婴同床的妈妈比那些让宝宝独自睡婴儿床的妈妈睡得更多。人类学家詹姆斯·麦肯纳教授主导了这项研究，他是印第安纳州圣母大学（University of Notre Dame）母婴睡眠行为实验室的负责人。麦肯纳和之前提到的杜伦大学睡眠实验室的其他研究人员一起，也仔细研究了母乳喂养和母婴同床之间的关系。他是这样说明的：

母婴同床使母乳喂养更加容易，因为它使母乳喂养的时间增加了一倍，同时让母亲和宝宝都能有更多的睡眠时间。对任何一个婴儿来说，更频繁的夜间母乳喂养增加了对母亲抗体的接触，这可能会减少婴儿疾病。因为母婴同床让母亲更容易哺乳，这就鼓励她们更长时间用母乳喂养，也就有可能降低母亲患乳腺癌的概率。举个例子，如果因为过多的脂肪和糖会导致肥胖，乃至并发心脏病、糖尿病或癌症，就干脆建议所有人不摄入脂肪和糖，这显然是不合理的。而这就像因为有风险就简单粗暴地建议不要母婴同床一样。

最后，母婴同床的好处还包括促进亲子关系更亲密[61][62]。

综上所述，我只是想纠正一些社会上充斥着的关于母婴同床的错误信息，并非尝试说服你必须与宝宝同床共眠。我讲述母婴同床的好处，是为了让你放心，如果你喜欢这种方式，就不必因为太害怕而不敢做，或者如果你已经偶然这样做了，比如喂夜奶的时候不小心和宝宝一起在床上睡着了，醒来之后也不必因为担心它可能会给宝宝造成风险而感到很内疚。母婴同床并不适合所有人，但是对于那些相信本能的母亲来说，知道如何尽可能安全是非常重要的，她们应该确信这样做无论是科学上还是心理上都是很正确的。

二胎对策

当你的第二个孩子出生时，如果你的第一个孩子仍然和你同床共眠，并且你对此很满意，那就继续这样安排吧！需要注意的是，要确保你睡在大宝和二宝中间，或者你也可以尝试以下方法：

· 大宝睡在大床上，二宝睡在大床旁边的睡篮或拼接小床上。

· 大宝睡在大床旁的地垫上。

· 爸爸和大宝一起睡，妈妈和二宝一起睡。爸爸尽量不要睡在新生儿旁边，但是睡在大一点的孩子旁边是可以的。

· 在二宝出生前，大宝就先移动到自己的婴儿床或小床上睡。

夏洛特的故事

我记得我坐在沙发上，抱着才刚出生一天半的儿子，助产士翻着资料，抬起头来，宣布她现在要告诉我如何安全地母婴同床！没错，母婴同床！她疯了吗？我可不想杀了我的孩子，可是我真的听说过太多关于婴儿在床上窒息而死的恐怖故事。为什么这个助产士会建议我母婴同床呢？我拒绝了她的建议，并告诉她我永远都不会母婴同床的。她并没有理会我的抗议，并告诉我，在某个阶段，当我在半夜给我的小宝贝喂奶时，我会睡着。最终我听了助产士的话，而且事实证明她是对的……

我第一次抱着宝宝睡着的时候，我的身体蜷缩在他周围，就像一道防护墙。我忽然惊醒了，惊恐地发现自己竟然和他一起在床上睡着了。但有趣的事情发生了，虽然感觉很奇怪——他睡得很香，我睡得很香，我丈夫也睡得很香。难道我刚刚发现了获得更好睡眠的真正秘诀？

在接下来的几个星期里，我们频繁地在母婴同床和让他独自在我床边的睡篮里入睡之间切换，因为我认为这样做是对的，毕竟我可不想自讨苦吃。

但我的本能和手臂却想整夜地抱着他轻轻摇晃，所以我还是这么做了。我是一个哺乳期的母亲，我知道所有关于“安全睡觉”的建议，也非常喜欢和他睡在一起。我丈夫也是这样，他也能睡好觉，没有人再在凌晨 3 点的时候在地板上走来走去了。

我的小儿子最近刚满 2 岁，每当我试图帮他做什么事情时，他总是说“亚瑟来，亚瑟来”。他喜欢趴在我身上睡觉，我也很乐意这样。我有了珍贵的记忆——关于一个充满自信的小男孩，他总是被拥抱、安抚和肌肤接触。这有什么副作用吗？大概就是我的胳膊还想整晚都抱着宝宝，但我的小宝贝现在已经不再需要它们了……

第八章

培养自信的孩子

我们能给予孩子的东西，只有两样可以持续很久。一个是根，另一个是翅膀。

——霍丁·卡特（Hodding Carter），记者和政治家让我感到很惊讶的是，似乎有很多人认为，尽早教孩子学会独立是让他们成长为自信、独立的成年人的最好方法。我的祖母常说："他必须学会自己解决问题。"这让我产生了疑问，婴儿应该学习什么？当我们通过控制哭泣来鼓励他学习独立入睡，为了不让他"控制"我们而一直抱着他，或者让他独立睡在一张床上时，我们教给他的是什么？我们的行动传达给他的真正信息是什么？我们是在告诉他"独自生活很好，你会喜欢的"，还是让他产生了更强烈的需求？我们是否在他身上创造了一种对我们更有依赖性的需要——一旦得到允许就表现得更加依赖，因为他不知道下一次被允许如此接近我们是什么时候。当这种需求长期得不到满足时，会发生什么？如果你的伴侣一直把你推开，你还会再去拥抱他吗，还是会放弃呢？你渴望拥抱的需求会消失吗，还是你会压抑它？你认为这会对你的信心产生什么影响呢？你会开始质疑为什么你不再被爱，并对自己失去信心吗？这将如何影响你的日常生活呢？会不会让你很难信任新朋友，难以对他们敞开心扉？我承认，我是在疯狂地延伸，但这完全没道理吗？

先依赖，后独立

我的第四个孩子维奥莱特比我的第一个孩子小 5 岁。这五年让我沉淀了自信和智慧，同时也带给我悔恨和内疚。从维奥莱特出生的第一天起，她就一直睡在我的臂弯里。我给了她想要的一切，仿佛我们已经融为一体。我是她的重要组成部分，就像任何肢体或器官一样重要。而她和我，也被专家们称为“母婴二分体”。我们沉浸在爱意催产素的美妙泡沫中，完全感觉不到外面的世界。这是我第一次感觉到作为母亲的喜悦，虽然听起来很不现实，但这种感觉太奇妙了。

这并不是说我爱维奥莱特胜过我的其他孩子，因为我对每一个孩子都一样疼爱，有差别但非常平等。然而，在维奥莱特身上有所不同的是，我产生了一种以前作为母亲不曾存在过的化学联系。为什么我在前三个孩子身上没有这种体验？这是我至今仍在悔恨的事情，而我唯一能做出的解释是，养育第四个孩子的时候我不再被“如何成为一个好母亲”这个问题困扰，也不再关注别人对我的看法了。这是我第一次凭直觉去养育孩子，并忽略了所有专家和其他人的看法。

维奥莱特 3 个月大时，我们为她洗礼。我为客人们准备食物和饮料的时候，我的保姆帮我哄她睡觉。我走到楼梯底下的时候，发现她十分困惑地抱着熟睡的孩子。我问她怎么了。“她睡觉的小床在哪儿？”她问我。我笑了笑说：“她没有。”“那么她睡在哪儿呢？“和我睡一起。”“哦。”接着是一段意味深长的沉默。我很清楚，这不是我第一次，也不会是最后一次经历这样的对话。与婴儿有如此亲密的关系在我们的社会中并不常见，这甚至被视为极端的养育方式。孩子被母亲抱得太多，绝对被认为是不正常或不健康的；事实上，很多人认为这样的母亲有心理问题，可能是她自己的需求没有得到满足，而把自己的情感问题转移到了孩子身上。真希望有这种观点的人能稍微打开思路，哪怕只有一瞬间，去想一想事实可能正好相反！

维奥莱特在她的整个婴儿期都一直睡在我怀里。白天，她趴在我胸前的背巾里睡觉，晚上她枕着我的臂弯睡在我的床上……直到她进入学步阶段的一天晚上，她坐立不安的样子让我睡不着觉，所以我请她在我们的床上保持安静，并建议她如果不想睡在这里，也可以去自己的床上睡觉。她自己有一间卧室和一张床，直到现在她还没怎么在那里睡过，除了有几次我实在精疲力竭，没有力气照顾她的时候，才把她放在她自己的床上留给我的丈夫。那天我说完就已经凌晨一点了，她一个人蹒跚地走过漆黑的走廊，爬上她的床，盖上羽绒被就睡着了。我惊呆了！就这样，我最小的孩子也已经非常独立，不再需要我了。

我们的共眠之夜结束了，我感到骄傲却还不想放手，可是它就这样苦乐参半地结束了。这些日子以来，我并没有因为让她主导睡眠而自讨苦吃。有人认为一旦我们把宝宝带到我们的床上睡觉，就永远无法让她自己睡了，这样的看法还站得住脚吗？在那些与孩子建立亲密关系的日日夜夜，她给了我一份礼物，我也给了她一份礼物作为回报——真正的自信和独立。在独立之前总要有依赖，想要孩子脱离我们之后能自信地走进社会，我们必须首先张开双臂拥抱他们，让他们依赖我们，然后再张开双臂放飞他们。依恋是自信形成的关键。

依恋理论

剥夺孩子在婴儿期所需要的爱和抚触，会改变孩子大脑的神经可塑性，也会改变大脑中人际交往相关的神经联结，这可能会对个人在成年之后的人际关系产生一定的影响。关于早期依恋的影响的研究[63] [64] [65] [66] [67] [68] [69]证实，温暖、及时的照料对于婴儿大脑的健康发育是必不可少的。而且，往往正是那些被允许强烈依恋父母的婴儿，才能够真正地在青少年时期和成年之后独立起来。事实上，该领域的一位重要研究人员达西娅·纳尔瓦兹（Darcia Narvaez）教授认为，“像这样温暖、积极回应的照顾可以让婴儿的大脑在形成稳定个性和世界观的过程中保持冷静”。她还评论道[70]：

> 有了神经科学，可以确定我们的祖先认为理所当然的事情——从长远来看，让婴儿处于紧张焦虑的做法，会在很多方面损害孩子和他人的交往能力。我们现在知道，放任婴儿独自哭泣，并不会让他长大后成为一个聪明、健康的人，甚至可能会成为易焦虑、拒绝合作也不合群的人，并且还可能把同样或更糟糕的性格传给下一代……一个完全不了解人类发展的行为主义者认为必须教孩子独立，而我们现在已经可以证实，强迫婴儿独立会导致更强的依赖性。相反，给孩子他们需要的东西会让他们未来更独立。

依恋理论认为，婴儿期的孩子与熟悉的看护人（通常是父母）形成（或缺乏）安全的依恋会对孩子的生活和未来关系产生长期影响。很多关于依恋理论的研究都是在第二次世界大战后进行的，包括研究疏散过程中父母和婴儿分离造成的影响以及研究那些因战争而成为孤儿的婴儿。

依恋理论之父是英国的精神病学家和精神分析学家约翰·鲍尔比（John Bowlby）。鲍尔比的大部分职业生涯都致力于研究婴幼儿和成人的依恋关系，他认为依恋是一种保护婴儿免受掠食者侵害的进化生存策略，这一理论至今仍被广泛接受。1951年，鲍尔比为世界卫生组织撰写并出版了一部作品，他开篇就说，“婴幼儿应拥有与母亲（或永久的母亲替代者）温暖、亲密、持续的关系，并能在关系中体验满足和享受，如果不是这样的话，便可能对心理健康造成严重、不可逆的后果”。鲍尔比的著作对当时保育机构和福利院的儿童护理产生了积极的影响，也大大增加了父母探望住院儿童的机会。

鲍尔比的研究是革命性的，不但为儿童心理学的新思路铺了路，而且至今仍有重大影响。鲍尔比的主要观点是婴儿需要与成年的监护人建立一种安全的关系，如果这种安全的依恋或关系受到阻碍，那么婴儿很难发展正常的社会情感。但是如果孩子在很小的时候就被允许形成这种安全的依恋关系，当他进入学步阶段甚至更大一点的时候，他就会把他的依恋关系作为一个“安全基地”，从这里开始探索他周围的世界。

此外，鲍尔比认为，这一关系并没有性别特定性，婴儿很可能会对一直照顾他，对他的需求表现敏感并积极回应的人产生依恋。依恋理论认为，婴儿突然被迫与熟悉的人分开，或父母对孩子的反应不够敏感，可能会对孩子的情感生活造成短期甚至长期的负面影响。许多儿童精神病学家现在认为：“儿童早期与母亲复杂、丰富和有益的关系，不同于其与父亲和其与兄弟姐妹之间的关系，它正是儿童性格和心理健康发展的基础。”尽管鲍尔比和那些追随他的人都知道这一点，但我们几十年来竟然还在坚持通过强迫婴儿与父母分离来培养他们的独立性！

鲍尔比的作品中有一点让我觉得很有趣，但又觉得很悲伤，就是他认为社会应该在养育孩子方面发挥更大的作用，尤其是在为家庭提供支持方面，他说：“如果一个社会重视孩子，它就必须善待父母。”他还强调，3 岁以下儿童的父母应该被支持在家照顾孩子。

一个黏人的宝宝真的很糟糕吗？

了解这么多婴儿身心发展特点方面的知识，为什么我们仍然觉得婴儿太黏人了？为什么我们会对婴儿的独立性过度赞美？为什么我们要如此坚持地把婴儿放在他们自己房间里的小床上，在他们才出生不久就让他们大半天都不在我们身边？

对婴儿来说，“黏人”是正常和健康的，或者用鲍尔比的话来说：“包括人类在内的许多动物物种，对突然的移动或声音、光线的明显变化都会产生恐惧的反应，因为这样做有助于提高存活率，同样，包括人类在内的许多物种，出于同样的原因，也会对与潜在的照料对象的分离产生恐惧反应。”可悲的是，如今这些完全正常、健康、本该令人满意的反应常常导致婴儿被贴上“贪婪”“难以满足”之类的标签，殊不知正是这些反应让婴儿在成长过程中发展出真正的独立性。事实上，黏人的、难以满足的婴儿可能是最理想的类型。现在开始，你要有这样的想法！

婴儿期没有充分依恋的孩子更容易在成年之后出现焦虑、抑郁、孤僻或者诚信问题，关于这一点已经有大量的论证可以说明了。但是可悲的是如今我们的社会仍然在否认这一点，有许多人还不知道该怎样做。我相信社会越早更新观点越好，那样我们也许就不会告诉母亲“让孩子自己到一边去哭吧，不然你会自食其果的”，而是开始建议她们跟着自己的直觉，鼓励她们拥抱自己的宝宝。正如心理学家杰弗里·辛普森（Jeffry A. Simpson）[71]所说：

> 你在出生后12～18个月的这段时间里，与母亲是否亲近也会影响你20年后的情感关系……在你开始记事之前，在你还不能用语言来表达的时候，在你的潜意识里，关于你自己是如何被对待以及是否值得被爱的隐性认识已经编码到你的大脑中了。虽然这些认知会随着新的人际关系、个人反思以及治疗而改变，但在压力大的时候，之前形成的认知往往会重新出现。被虐待的婴儿会变得更有防备心，而那些得到母亲细心照顾和关注的孩子更善于解决问题，也更容易获得他人的爱。

强迫独立的持续性后果

我经常看到还在蹒跚学步的孩子或者刚入学的孩子，被要求不能太黏父母，尤其是母亲。他们不想让妈妈离开，所以常常号啕大哭着来乞求妈妈留下。孩子想要寻求帮助，可是幼儿园或学校的老师们却不顾孩子的挣扎，毫不留情地把哭泣的孩子从母亲身边拉开，带进教室。通常来说，5 分钟后孩子还在哭。为什么孩子们会哭那么久，为什么他们那么需要妈妈？是因为他们内心深处害怕妈妈不再回来吗？

如果你听从直觉，在孩子小时候总能陪在他身边，那么你就有可能建立起和他之间坚固的信任，这意味着当他做好离开你的准备时，他不会再感到患得患失。维奥莱特现在 4 岁了，每天早晨上学的时候，她坚持要自己下车，自己走进学校、走进教室。我再也不能和她一起做这些事情了，只能站在栏杆旁，看着我自信的小女儿独自走进这个世界，连头也不回。

另一个需要考虑的重要问题是什么时候放手。什么时候是对孩子最好的时机，什么时候是父母可选择的最佳时机？或者有对双方都合适的时机吗？依恋和分离的需求可以同步吗？你会太“依恋”你的孩子吗？真正的婴幼儿主导意味着我们必须遵循他们的独立和依赖需求，或者，正如我在本章开篇引用的那句名言所说：“我们能给予孩子的东西，只有两样可以持续很久。一个是根，另一个是翅膀。”然而，这很难，因为当我们刚刚在生活中找到自己的位置时，它可能又改变了，插翅要比生根难得多。

罗茜的故事

当我决定要孩子的时候，我已经做好了一切准备。我知道我愿意花几年时间去享受养育的过程，所以我们常常待在家里，没有让自己承受过多的工作负荷。我觉得可以先放慢我事业发展的步调，而且我之前几年参与的旅行和聚会已经够多了，所以接下来我可以全身心地投入为人母亲的事业中，去享受和我的宝宝在一起的每一分钟。

我读过两本书，一本是心理学家佩内洛普·利奇（Penelope Leach）的《最初的六个月：与宝宝在一起》（*The First Six Months:getting together with your baby*），可惜这本书已经绝版。我认为这本书是关于依恋的，现在可以被笼统地认为是“依恋养育”，它非常精彩，能给人信心。另一本是黛博拉·杰克逊（Deborah Jackson）的《三人一床》（*Three in a Bed*）。这两本书中的母爱都让我产生了共鸣，所以读完这两本书之后，我就决定跟着直觉走，让孩子主导。

我总觉得我本能地知道，或者可以很快地确定孩子需要什么，不需要什么。比起抱着我可爱的小宝宝，凝视着他，没有什么是我更愿意做的事情了，我们就是这样开心地一起度过最初的那段时光。即使若干年过去了，我们依然很容易重现那段情感时光，回忆起生活有多美好，只有我和我的男孩，当然还有我的丈夫。

当我们在一起时，他几乎不哭，因为我已经理解他想要什么。在我知道他想要什么之前，有一个相当简单的选项列表可以帮助到我：饥饿、口渴、便意、无聊、疲倦。

当他没有和我睡在一起，也没有睡在我床边的时候，这也不会造成什么问题。晚上母乳喂养很容易，因为我知道他什么时候需要吃奶、睡觉，因此我也睡得很好。我们都提供了对方所需要的东西。但是，还有什么能比宝宝和我肌肤相亲更美好——有他的感觉和气味，在温暖舒服的床上紧紧依偎？

我相信自己的直觉，看到我的孩子茁壮成长，我的信心也随之增长。但也并不是说这个过程中没有泪水！我也有沮丧过。我不想一直闷在家里，还有在得了乳腺炎和乳房脓肿之后，我为自己感到很难过，但这些都不是为我的孩子流的泪。

我觉得我们好像在自己的小世界里，只要我们快乐，外面的世界就可以等待。它也确实在等待。当我们准备出去走走的时候，宝宝也和我们一起。他想睡的时候，就睡在我们的怀里，或者睡在餐桌下的睡篮里；他想吃的时候吃，想喝的时候就喝；他和我们一起乘飞机、火车和汽车。他融入了我们的家庭生活，轻松、友好又亲密。他很开心，我们也是。

每个人都觉得他是个很好带的孩子，我想是的，他很乖，因为他的需求都得到了满足。这对我来说太明显了。当宝宝的需求得到满足时，他们就很放松。

我们就这样，直到能舒服地分开。从每周去一次幼儿园到升入小学，他一直保持快乐和满足。后来我的第二个孩子出生了，我依然相信自己的养育直觉，因为它能让孩子们快乐、自信。

这些年来，我注意到他们两人都很快乐。他们和别人在一起也很舒服。两人小时候都很乐意独自出行，现在他们正忙于规划各自的世界冒险之旅。我一直提醒自己“先依赖，后独立”这句话。我很高兴我的孩子们能依赖我。

我感觉这段记忆似乎为我的过去增添了一抹温暖的光辉，而且坦诚地说，这些让宝宝快乐、健康、充满信心地成长的日子，是我一生中最快乐的时光。

第九章

喂养孩子

在我结婚之前，我有六个关于养育孩子的理论；如今，我有六个孩子，却没有任何理论。

——约翰·威尔莫特（John Wilmot），诗人

在我开设的婴儿温和养育™课程中，我最常被问到的问题之一是："他现在应该规律进食了吗？"紧接着是"我担心他的进食，尤其是在晚上。我朋友说他应该每3～4个小时吃一次，但他经常吃得比这多得多"。许多婴儿专家认为，不规律饮食，饿了就吃的婴儿成年后会出现体重问题，家长应该尽快遏制这种加餐的行为，以免让婴儿操控，也避免在成长过程中形成对食物不正确的态度。在过去的50多年里，规律喂养的趋势越来越明显，但事实上，你或婴儿专家决定用这种喂养方式，可能主要是为了让孩子尽可能地"睡个整觉"，同时让父母在晚上能有属于自己的生活。

常规喂养还是婴儿主导的喂养？

许多育儿专家主张，在孩子出生后尽快建立一个喂养（和睡眠）常规，这有助于母亲对自己的新角色建立自信。他们通常认为，那些对自己一天的生活没有安排的母亲（比如那些依赖孩子告诉她们什么时候饿了、渴了、累了的母亲）更容易患抑郁症和焦虑症。但是，我经常发现情况完全相反，因为在我的经历中，新手妈妈们经常发现这些常规是复杂的、令人困惑的和让人疲惫的。她们觉得这样会把自己束缚在家里，总是因为孩子的日程安排而无法外出，就像下面这位新手妈妈所说的：

一开始，我努力坚持每天的喂食常规，包括早上给孩子喂奶。这是一项艰苦的工作，我总是担心自己做得不对。最终我还是放弃了，并开始用婴儿主导的喂养方式，我和宝宝都立刻变得平静和快乐起来。

下面这段话来自一个婴儿温和养育™课程的教师，她是五个孩子的妈妈，我对她的想法表示疯狂赞同：

我从来没有尝试过对我的五个孩子进行喂食的常规训练，因为我不是一个循规蹈矩的人……但我发现，这可能被认为是一种失败。尽管我觉得在照顾孩子方面，不遵循常规是对的，而且我很诚恳地认为这是唯一的方法。但问题在于，我不得不忍受妈妈的评论，就像“不要自找麻烦”之类的。当我真正完成婴儿温和养育™课程之后，我才有了更多的自信。

传说与科学

一些婴儿护理专家说，如果你把给婴儿喂食的时间间隔维持在3～4个小时，他就会保持好胃口，也会在下次喂食时“吃饱”，这意味着他会更满足，会睡得更久，尤其是在晚上。在本章接下来的部分，我会通过科学理论和证据来检验这个论断，但首先我想请你们思考几个问题。

你如何决定什么时候吃，什么时候喝？你上一次吃东西是因为什么？你上一次喝东西又是因为什么呢？为什么有时候你不需要在两餐之间吃零食，而有时候你又想不停地吃零食呢？ 你是否曾有感觉非常口渴的时候，也许是在炎热的夏天？你是否有过严重的经前综合征，或者感到很难过，很想吃掉你打算送给别人但还没送出去的一盒巧克力？我们的食欲、口渴程度和对慰藉的需求每天都在变化，宝宝在这些方面也是如此。就像我们并不会每天都想在早上 8 点、中午 12 点和下午 6 点吃同样多的食物，你的宝宝也不想每天早上 7 点、上午 11 点、下午 3 点和晚上 7 点吃同样多的食物。这是为什么呢？因为每个婴儿都不一样，每个婴儿每一天的需求也不一样，如果忽略这样的前提，那就太荒谬了。下面的话出自我班级里的两位妈妈，很好地总结了这个情况：

> 我从来不看时钟，当孩子表现出饥饿的迹象时，我就喂他。我没有坚持在固定的时间吃饭，只是在我饿的时候才吃，所以，我为什么不能让我的孩子也这么做呢？

> 每个人都有很多关于给我的新生儿喂奶的建议，这让我很困惑，所以我决定忘记我读过的书或别人告诉我的一切，只顺从我的宝宝。当我这样做的时候，我发现喂食变得更容易了，我的宝宝也更开心了！

进食提示

那么，应该什么时候喂宝宝呢？简单的回答是：当你认为宝宝需要吃东西时。没有神奇的公式，没有需要遵守的时间表，但是你比任何人都更了解你的宝宝，所以如果你认为他饿了，那么他很可能就是饿了，当你觉得是时候喂奶了，可能就该喂奶了。你的宝宝会给你提示，就像下面这位新手妈妈描述的这样：

> 我的丈夫很快就注意到我们宝宝早期想吃奶的迹象是吸鼻子，这很有帮助！如果他饿了，他不会直接到哭的那一步，因为我在他哭之前就能意识到他的需求。久而久之，我对了解他的需求充满了信心。

有时候你会发现在宝宝给出“线索”之前，你就已经知道他需要吃东西了，这时你会产生一个想法：嗯，他有一段时间没吃东西了，现在一定该喂了。或者你自己的身体也会给予提示，就像下面这个妈妈的案例中体现出来的那样：

> 我简直不敢想象如果宝宝有需求，我却无动于衷会怎么样！哺喂让我们彼此都觉得满意，我的乳房似乎知道什么时候该喂奶，就像我的宝宝知道自己想要吃奶一样！我们有这样的关系真的很棒。

美国儿科学会的这条建议很明确：“当新生儿表现出饥饿的迹象时，比如更警觉或更活跃、哼哼唧唧地说话或吸鼻子，就该给他们喂奶。”当婴儿因饥饿而哭闹时，表示他们已经饿了一段时间了。在新生儿出生的最初几周里，每 24 小时应该给他喂奶 8 ~ 12 次[72]。如果你正在母乳喂养，应该听听世界卫生组织的建议：“母乳喂养应该是‘按需’的，只要孩子想要，不分昼夜。”

如何知道什么时候给宝宝喂食?

我们已经了解，哭泣是婴儿饥饿的终极征兆，在婴儿哭着要吃东西之前，他其实已经用了很多微妙的、细小的方式向你表明他想要吃奶。婴儿感到饥饿之初的迹象通常包括张合嘴巴，吮吸嘴唇或手，在你的胸部用鼻子拱来拱去，坐立不安和蠕动；只有当这些线索被忽略时，它们才会升级为哭泣。美国儿科学会提出了观点，他们认为，“宝宝在饿的时候会让你知道”。不论什么时候，都要用婴儿发出的信号而不是时钟来决定什么时候给他喂奶……你的宝宝的喂养需求是独一无二的，没有一本书能确切地告诉你他需要喂多少或者多久喂一次，或者在喂食时你该如何应对他。在你和你的孩子相互了解的过程中，你会自己找到答案。

这里的关键是关注你的宝宝，而不是盯着时钟！如果你不去考虑固定的时间，而是允许孩子听从自己身体对饥饿和饱腹感的信号并控制自己的母乳摄入量，那么当他成人后，他将更善于倾听自己的身体，不会经常吃不饱或吃过量。

有些新手妈妈问我，如果她们回去工作，能否实现按需喂食，我总是回答“当然”。虽然你没有和孩子一直待在一起，但这并不意味着孩子的其他看护人无法观察他的饥饿信号，或者虽然你的孩子由亲戚或保育员照顾，但也并不意味着他必须被机械地定时喂食。

永远记住，在照顾孩子方面，你才是那个决定如何喂以及何时喂的人。把孩子的饥饿信号告诉其他看护者并不难，你只需要在上班前一天给他们写个简短的便条，或者花几分钟当面讨论一下就可以了。

哺喂时长

给宝宝喂食该持续多长时间呢？答案很简单——就随他吧！宝宝会告诉你他感到饿了，想要大吃一顿，或者是想要喝杯饮料、吃点零食，又或者只是想要一点安慰。有些婴儿吃很快，有些会吃一段时间，但不管他们是母乳喂养还是用奶瓶喝，都没有规定的喂食时长，就像没有规定婴儿应该多久喂一次以及他们每天应该喝多少奶一样。

通常情况下，母乳喂养的母亲会比用奶瓶喂养的母亲更担心自己的宝宝到底喝了多少奶。毕竟，如果用奶瓶喂孩子，可以直接看到孩子到底喝了多少奶，而乳房则不然。我将在本章接下来的部分讨论有关母乳喂养和产奶的科学，但现在关于“我怎么知道宝宝喝了足够的牛奶”这个问题，我会先给出一个非常简单的“有进有出”规则，也就是说，你的新生儿大概每 24 小时中会换 4 ~ 6 块尿湿的纸尿裤和 3 ~ 4 块有便便的纸尿裤。其次，如果他长得很快（给孩子称体重时发现他的体重增加很快），那么就表示他已经吃得足够了。

如果是用奶瓶喂养你的宝宝，请跳过下面几段关于母乳喂养内容，直接读本章结尾莉莎的故事。

母乳喂养

在和那些正在母乳喂养的新手妈妈的接触过程中，我发现这样的担忧反反复复地出现："我担心自己奶量不够，总让他挨饿""我得在晚上给他加一瓶奶。我感觉自己奶水显然不够，因为他在晚上 7 点到凌晨这段时间总是不停进食"。其实这两种情况都是完全正常的，而且并不能表示母亲无法提供婴儿所需的奶量，这点很重要。因此，我们先来了解母乳喂养是如何实现的，然后再理解"密集喂食"的概念。

解释母乳喂养的原理可以让新手妈妈们相信自己有充足的奶水。学校应该开设哺乳基本知识相关的课程，而不仅仅是传授关于循环系统、肠胃系统和生殖系统的知识。我认为不能通过过度吹捧来提高母乳喂养率，而应该让它正常化，从孩子小时候开始，就让他抛弃玩具奶瓶，并告诉学龄的孩子母乳喂养是一件正常且自然而然的事情。

母乳喂养的机制

在给宝宝喂奶的最初阶段，你的奶水供应是由激素或内分泌控制系统来控制的，这对你来说意味着什么？简单地说，这意味着绝大多数女性产奶是本能。事实上，你在怀孕的时候就已经在产奶了，但因为你体内的激素（黄体酮）抑制了乳汁分泌，所以你注意不到。婴儿出生后，准确来说是在分娩后，母亲体内的黄体酮水平会急剧下降，而另一种激素——催乳素的水平会急剧上升。这些激素的变化会让你的身体开始自由分泌乳汁，在你怀孕的最后 20 周便不断分泌。

很多母亲说她们分娩后才开始产奶，但实际上她们早就已经开始产奶了，而分娩过程让她们经历的是激素水平的变化，即黄体酮和催乳素允许身体分泌更多乳汁，所以并非开始产奶，而是身体开始让乳汁流出。这个过程是由激素驱使的，也就是说它不取决于如何喂养婴儿，所以即使从宝宝一出生就用奶瓶喂他，母体也仍然会产奶。

在分娩之后的几天里，产奶慢慢转变为一种自分泌控制系统，这意味着它开始受到体外刺激的影响，比如你的婴儿喂养方式。你的宝宝吃奶的时候，会吸出你乳房里的乳汁，这便成为一个提示——让你的身体产更多乳汁。当你的乳房充满乳汁时，它们就会含有一种蛋白质，叫作抑乳蛋白。这种抑乳蛋白就像提示器一样，提醒你的乳房减慢产奶。因此，当你的乳房充满乳汁时，抑乳蛋白会减慢母乳的合成速度；当乳房被排空的时候，抑乳蛋白含量下降，你的身体就会分泌更多的乳汁。这个过程多么智能啊，虽然它如此简单，但是理解它真的至关重要。

这里要记住的重点是，喂得越多，产的奶就越多，喂得越少，喂奶间隔时间越长，产奶也就越少。正如国际母乳协会（La Leche League International）的《母乳喂养指南》（*Breastfeeding Answer Book*）一书的作者南希·莫尔巴赫（Nancy Mohrbacher）所说：

> “在这段关键的时间里，如果遵循时间表来决定喂奶次数，就会限制或减少母乳的供应……此外，在婴儿刚出生的 6 周里，他们的胃还很小，所以通常情况下，在固定的时间间隔内进食对他们来说并不舒服。”

了解这些之后，你还会认为与每 1～2 小时喂一次奶相比，3～4 小时的定时喂奶会对乳汁的供应产生更大影响吗？哪种喂养方式更有可能导致乳汁供应问题的答案已经显而易见。婴儿会本能地趋近乳房，因此我们给婴儿正向反馈并允许他们在早期频繁接触乳房，可以大大降低以后出现乳汁供应问题的概率。如果我们强行给孩子在几个小时的时间间隔内喂食，反而可能出现问题。我遇到的许多母亲遵循定时喂奶，所以她们不得不在母乳“用光”的情况下，提前借助奶瓶喂养。

我应该在这里补充一个简短的说明来解释取奶。如果你不太了解婴儿喂养的原理，那么你可能会容易做出这样的假设——如果你定时给婴儿喂奶，那么即使他不经常按常规进食也没关系。所谓“育儿专家”的目标通常是让婴儿养成规律的作息习惯，并尽可能早地睡整觉，所以他可能会建议新手妈妈们做这样的事情，即每 3～4 小时喂一次奶，并抽出一定量的乳汁以确保按时供应。这种方式是假定泵奶的原理与婴儿刺激乳汁供应和排空乳房的方式相同，然而事实并非如此。吸奶器在排空乳房方面远不如婴儿吸奶有效，在增加供给方面也是如此。请记住，分泌更多乳汁的真正简单方法是更多母乳喂奶，下面这位母亲在喂养第二胎的时候发现了这个秘密：

> 对于我的第一个孩子，我感觉自己从来没有分泌出足够的奶，可能是因为我总为这件事情感到焦虑吧。在有了第二个宝宝的时候，我接受了自然喂奶，常常拿着遥控器坐在沙发上，让丈夫一次又一次给我端茶倒水，拿巧克力。我还总提醒他，照顾我比反复清洗奶瓶和给它消毒要容易得多。

下面这位新手妈妈的父亲评论他的小外孙很少哭，这位妈妈把这归结于倾听孩子的喂养信号，我觉得很不错：

我儿子一个月大的时候，我父母从海外来看望我们。我父亲说整夜都没有听到婴儿的哭声，他感到很惊讶，因为这不符合他的预期。但我的儿子总在我身边，所以哺喂很容易，这就意味着我可以在他感到难过之前先喂饱他。

密集喂食（“我的夜晚还会回来吗？”）

当妈妈们发现宝宝几乎整晚都想要不停地吃奶，她们会感到非常震惊，尤其是在宝宝白天隔几个小时才会吃一次奶的时候。我们似乎一直相信婴儿每 3 ~ 4 个小时就该进食一次，也知道他们饿的时候就会哭得很厉害，所以我们倾向于认为，除非新生儿每晚都在妈妈胸口上趴 4 个小时，不然如果他哭得很厉害，那一定是哪里出了问题。通常这种情况下，母亲就会开始担心自己的乳汁供应不够或者是孩子有问题。

事实上，妈妈和宝宝根本没有问题。这种频繁喂食，也被称为“密集喂食”，它是完全正常的，并且非常普遍。它绝非意味着母乳供应有问题或需要补充配方奶粉，而且我们现在也已经了解，增加母乳供应的最好方法就是喂，喂，喂！

然而，如果你在晚上 7 点喂过宝宝之后，仍然一直试图让他遵循每 3 ~ 4 小时定时吃奶，那么这种密集喂食是很可怕的！ 南希·莫尔巴赫是这样评论“密集喂食”的：“新手妈妈们倘若不知道这是正常现象，就会错误地认为她们没有足够母乳……在这段时间里，重要的不是婴儿每 2 ~ 3 个小时吃一次奶，而是婴儿吃奶的总次数是一定的。”

密集喂食可能会让人筋疲力尽，但糟糕的建议往往会让情况变得更糟，就像这些妈妈所发现的：

我的孩子们都是重度的长期密集喂养对象。第一次密集喂养之后，我因为那些糟糕的建议和支持而担心过，也挣扎过。我感到筋疲力尽，但下定了决心。最后我确实得到了很大的支持，我意识到我必须把自己奉献给它，让它回报我，希望你能明白我的意思。

我对长达一个多小时的晚间密集喂养感到害怕，在婆婆的压力下，我屈服了，并给了宝宝一瓶配方奶。直到我的健康顾问说那是完全正常的，我才接受了它，并接受了“喂食机”的绰号。

如果你的宝宝习惯于密集喂食，那么你能做什么呢？简单的答案就是坚持到底，因为现在让你的宝宝在他想吃的时候就能吃，从长远来看会让母乳供应更顺畅，也让宝宝更快乐。展开来说，其实关键在于如何关注你自己。密集喂食会让人筋疲力尽，这是难免的，尤其是在你已经独自照顾孩子一整天，迫切希望有人能接手，以便获得属于自己的夜晚，能够休息一下的时候。但是，为了满足宝宝的需要，你必须把自己放在第一位，这一点非常重要。

把自己放在第一位是什么意思呢？它意味着你应该接受所有帮助，并主动寻求帮助，可以请你的伴侣、妈妈、姐姐、朋友为你做饭，给你倒水，照顾好你。你目前的工作就是养育孩子，给你的身体提供足够的优质食物，这样你才能提供足够的奶源，满足宝宝的身体发育需求。你需要吃、睡、休息。现在不是担心家务的时候，而是照顾好你自己的时候，记住你是多么重要。以后你若回想起密集喂食的痛，就会对自己熬过这一切感到自豪，就像下面这位母亲，她做了一件很棒的事情：

当他体重增加时，我想大喊一声“我成功了！”。我非常自豪，这都是我自己努力的结果。

莉莎的故事

按需喂养并不是我原本所想的，只是，它确实发生了！我的儿子博德在出生后得了黄疸，每个人都非常希望我能更多更频繁地喂他，以解决这个问题。

直到大约6周后，大家才开始提醒我停止频繁喂他，并告诉我训练孩子定时吃奶可以让他睡得更好。我被这类信息狂轰滥炸——都是关于喂食和一日流程将如何帮助孩子睡得更好，以及我应该如何记录他吃哪一边奶，吃多长时间的信息。这让我觉得压力很大。还有人告诉我晚上该把他叫醒，给他吃奶，才能让他睡得更好。

我确实尝试过晚上叫醒他吃奶，甚至试着记了大约一个星期的笔记，这让我筋疲力尽，压力巨大。博德仍然在夜里每隔几个小时就醒一次，而且被叫醒吃奶时，他一点也不高兴。

最后，我觉得这种定时喂养对我们来说效果并不好。说实话，我担心不规律喂奶会让孩子得不到足够的奶，而且我对以前的情况更满意一些，所以我觉得回到按需喂养似乎能减轻我的担忧。

我是这样想的：如果我渴了或饿了，我可以给自己弄点饮料或零食，但作为一个婴儿，博德做不到这些，所以当他想吃时，我为什么不能让他吃呢？

博德还不能在晚上连续睡12个小时，但他很开心，所以我也很开心，这才是真正重要的。博德现在已经23个月大了，他还会半夜偶尔醒来吃点奶，要抱抱，或者只是看看月亮，但他很快就能安定下来。我想我们确实有一个常规了，但这是我们自己的惯例，我也不会再去尝试别的方法了。

第十章

遇到问题，怎么办

婴儿啼哭的声音几乎是我们能听到的最令人不安、强度最大，又让人心烦意乱的噪音。在婴儿的啼哭中，没有未来，也没有过去，只有现在。它不会平息、没有协商的余地、也不存在合理性。

——塞拉·吉茨格（Sheila Kitzinger），

《哭泣的婴儿》（*The Crying Baby*）的作者

有时，你想让婴儿安静下来，可是无论你做什么，他们仍然很不安，不仅如此，他们还有可能食欲不振，体重增长缓慢，睡眠时断时续。这些情况不仅会让你身体疲惫，也会让你情绪崩溃。不能平静和安慰自己的宝宝可能是世界上最痛苦的感觉之一，尤其是当宝宝看起来很痛苦时。很多时候，父母会被育儿专家的话糊弄，比如“他很好，婴儿都爱哭，这很正常”。也会被一些建议迷惑，比如给母乳喂养的孩子补充配方奶粉，或者给用奶瓶却容易饿的孩子换成母乳。许多新手妈妈可能会感到无助，也不知道向谁求助。

婴儿为什么会哭呢？有时候，宝宝哭泣可能是潜在生理问题的征兆。本章介绍了一些宝宝最常见的身体问题，但这其中一些问题如反流和乳糖不耐受，仍然是相当罕见的，而且常常被过度诊断。自我诊断并不难，如果你认为这些描述中的部分内容确实与宝宝的表现相吻合，一定要向有资格认证的专业人士咨询。

疝　气

没有人能准确说出疝气是什么，这个词仿佛被用来概括所有婴儿哭闹不安的现象，但“疝气”这个标签通常是指一种未被诊断出病因的问题信号，比如舌系带短缩、母乳喂养不顺畅、婴儿受到过度刺激或对缺乏与父母亲密接触的抗议。疝气本身不是一种疾病或问题，它实际上只是对婴儿经常哭的一种解释。对一个有疝气的婴儿进行诊断实际上并不能证明他出了什么问题，也不能帮助我们理解婴儿为什么哭，其原因至今仍然是个谜。

对于疝气的官方定义源自韦塞尔标准[73]，它是以美国儿科医生莫里斯·韦塞尔（Morris Wessel）的名字命名的诊断工具。韦塞尔的定义是基于观察得来的，但并没有科学证据的支撑。韦塞尔标准也称为“三原则”，认为疝气是指婴儿在任何一个星期里，至少有三天每天哭泣超过 3 个小时的现象，它现在仍然被世界各地的医生所应用。韦塞尔对疝气的定义适用于大约 25% 的婴儿。人们通常认为疝气意味着婴儿腹部有问题，但其实这只是其中一个迹象，它或许表明还有其他问题。为什么有 25% 的婴儿会因为肚子疼或胀气而哭闹不停呢？在西方国家，有四分之一的婴儿患有剧烈的胃痛，你不觉得奇怪吗？是什么引起了这种小婴儿特有的胃痛呢？也许他们哭闹的原因，以及疝气的原因，实际上与胃部问题和身体疼痛完全无关？这些问题对我来说有更多探索意义。

疝气通常在婴儿 6 ~ 8 周龄时发生，在 12 周龄左右消退 50%，在 9 月龄后消退 90%。考虑到这些，我们对疝气的理解就更加模糊了。我在这里所说的“消退”，是指婴儿不再过度哭泣了。对于大多数婴儿来说，疝气痛引起的哭哭啼啼都发生在晚上，通常是在我丈夫和我过去常说的晚上 6 ~ 9 点的“魔法时间”，而这也正是许多婴儿密集喂食的时间，我相信这不是一个巧合。

那些经历过紧张的怀孕过程，或者自身压力大、高焦虑的母亲，她们的孩子的疝气发生率也更高[74]。那么，婴儿的疝气和哭闹是不是在某种程度上与母亲的压力和焦虑程度有关？疝气的症状主要包括婴儿长时间的哭闹，婴儿把双腿缩向身体，肚子变得又硬又红。我们已经在前面的内容里提到过，这些迹象不一定表明婴儿肚子疼、腹胀或有其他疼痛，事实上，对许多婴儿来说，这只是表明他们不开心。

一些证据[75][76][77]表明，如果是母乳喂养，那么限制母亲的饮食可能会改善婴儿疝气症状，因为“罪魁祸首”通常是十字花科蔬菜（如卷心菜、西蓝花）、牛奶、巧克力、洋葱和咖啡因。

对于许多非处方的疝气疗法来说，除了安慰剂效应*外，没有任何证据显示它们有其他效果。目前有两种可以治疗疝气的药物，一种是二甲硅油（用于释放胃里的气泡），另一种是乳糖酶（用于分解患有乳糖不耐受的婴儿体内的乳糖）。但是令人担忧的是，还没有科学研究证据表明它们对婴儿疝气有一致的效果[78]。研究表明当前大约四分之三的婴儿在出生后8周之内接触过某种形式的药物[79]，你若知道这一点，就会更担忧了。此外，改用豆乳配方也没有被证明对疝气症状有任何决定性的影响[80]。

那么我们该如何更好地处理疝气问题呢？参加婴儿温和养育™课程的妈妈们对我吐露心声，担心宝宝疝气，我通常会向她们推荐这本书第三章中提到的所有镇静（安抚）技巧，并建议她去找颅骨整骨医生或脊椎指压治疗师问诊。如果遇到这方面问题的母亲是母乳喂养，我总是坚定地建议她从母乳喂养顾问或哺乳顾问那里寻求帮助，因为对于许多母乳喂养的母亲来说，宝宝疝气的真正原因实际上是某些潜在的母乳喂养问题。

颅骨压迫和出生创伤

如果听到一个婴儿是剖宫产出生的，我的耳朵总是会立刻竖起来，尤其是那些分娩时间长，而且涉及胎位不正（婴儿躺在错误的位置）的情况。在我的职业生涯中，我曾与一位专业的新生儿脊椎按摩师密切合作，多年

* 安慰剂效应，指病人虽然获得无效的治疗，但却“预料”或“相信”治疗有效，而让病患症状得到舒缓的现象。

来我一直与她保持联络，并从她那里学到了很多东西。

我在前面的章节里已经简要介绍过脊椎指压治疗和整骨治疗了，因为它们在婴儿护理中非常重要。想象一下，你的头部扭到一个奇怪的角度并持续了几周甚至几个月，然后有人要把它推回到它本来的角度，每过三分钟就用力推一分钟，整个过程持续 14 个小时甚至更久，你可能会有很严重的头痛和脖子疼，这样你就能理解这一点了。我曾见过许多婴儿感到明显不适，其中一些婴儿患有斜颈症（颈部僵硬），无法转头。除了病症本身引起的不适外，颈部僵硬也会影响婴儿进食，因为如果他们转头进食，可能就会感到疼痛。

脊椎按摩和整骨疗法对颅骨复位也特别有帮助。在分娩过程中，婴儿的颅骨可能会错位或重叠（想想婴儿刚出生时头部的奇怪形状），这是完全正常的，因为这样可以让宝宝的头部更容易从母亲的骨盆里出来，即使不是顺产也不会有什么影响。婴儿的颅骨通常在出生后的几天之内就能恢复到正常的位置，主要是通过吮吸这个过程（以及上颌和下颌的运动），即上颚运动刺激头骨底部来实现复位的。

然而有时候，婴儿的颅骨不仅无法恢复到正常位置，而且由于婴儿的进食习惯和更多的吸吮需求，甚至会让颅骨受压情况更加明显。婴儿可以通过吮吸来自己解决这个问题。但是，如果婴儿的迷走神经（与消化有直接关联的神经）受到压迫，那么婴儿的消化系统也会受到明显的影响，通常会引起疼痛。如果母亲分娩时间过长、胎位不正，或者是通过紧急剖宫产、产钳或吸盘等方式生育，以上情况都更有可能发生。

脊椎指压治疗或颅骨整骨治疗时，
会发生什么？

你第一次约诊可能持续 30 分钟左右。在此期间脊椎指压治疗师或整骨医生会询问你有关宝宝行为、进食和睡眠模式的问题，同时也会询问你的分娩经历，比如你的宝宝的出生方式——剖宫产、吸盘、产钳还是顺产，你的分娩时间以及孩子出生时的体重。所有这些信息都很重要，因为它们能让医生了解你的宝宝可能遇到过的所有问题。

在给宝宝做完简要的病史记录后，脊椎指压治疗师或整骨医生会轻轻地触摸宝宝的头骨、颈椎和脊椎，加上一些简单的手法，还可能对宝宝身体的某些部位做轻微的按摩。这期间你要一直在场，以便在宝宝哭闹的时候安抚他、给他喂奶。这种检查和治疗对很多婴儿来说是温和的，而且他们通常在这之后能拥有更长时间的睡眠。

这次检查之后，脊椎指压治疗师或整骨医生会告诉你他们认为值得关注的问题，以及他们能为你提供的帮助。然后他们会和你讨论治疗计划，包括疗程和费用等。

在写这本书的时候，我还询问了那些给孩子做过脊椎指压治疗和整骨治疗的几位母亲：

我的两个孩子都是剖宫产生下的。他们还是小婴儿的时候，我带他们去看脊椎按摩师，他解释说，顺产情况下婴儿头盖骨会产生有益的移位，但是剖宫产不会。脊椎按摩是一种非常温和的疗法，按着按着，我的孩子就睡着了！我的两个孩子都没有出现疝气或者不安定的情况，我认为脊椎按摩治疗是有帮助的。

怀孕期间，我在一些书里读过整骨疗法是如何帮助缓解婴儿紧张感的内容，所以我决定带着宝宝去试试，尽管生下他的过程很顺利。我预约了一位骨科医生，她很专业和诚恳，她告诉我她已经帮宝宝减轻了一些轻微的腹部紧张，所以我们不需要约下一次了。这让我安心，因为我一直想让宝宝尽可能舒适。

求助于专业的脊椎指压治疗师或进行颅骨整骨治疗对一些新手父母和新生儿来说有巨大影响。它的益处让我很激动，我希望它对所有新手父母免费开放。我们既然会在婴儿出生后检查他的臀部，那么为什么不检查他的头骨和脊柱呢？

反　流

许多家长怀疑他们的婴儿会发生反流，他们也常担心宝宝隔三岔五就生病（对于婴儿来说其实是完全正常的），或者感觉不舒服。然而，反流常常被过度诊断。这并不是说婴儿反流是不存在的，它确实会发生而且很难忍受，但我相信，很多婴儿原本没有必要接受反流药物治疗，他们的反应可能只是其他方面的潜在问题。

在我的婴儿温和养育™课程中，有10%～20%的婴儿吃过盖胃平片（一种保护胃肠道黏膜的复方制剂），正如对待疝气一样，真的有这么多婴儿遇到这些问题吗？他们真的都需要药物治疗吗？儿科胃肠病学家埃里克·哈索尔（Eric Hassall）[81]是这样说的："这些症状和表现都再正常不过了，并不是疾病，因此不需要药物治疗。"

讽刺的是，我发现有些真正出现反流的婴儿，反而没有被诊断出来，尤其是在无声反流的情况下。

什么是反流呢？婴儿胃里的东西回到食道，或者又回到嘴里，这个过程就是反流。这在很大程度上是因为婴儿横膈膜的括约肌还没有发育完全，随着括约肌的发育，反流会逐渐减少。然而，这种情况很常见，多达50%的婴儿患有反流，而且这只是问题的一小部分，它还会引起一系列的症状。无论婴儿接受哪种喂养方式，都有可能受到反流的影响。

婴儿反流的表现

- 过度哭泣，特别是在进食后
- 在进食后弓背
- 过度呕吐，通常呈喷射状
- 在夜间持续咳嗽
- 持续流鼻涕
- 经常在睡眠中醒来
- 婴儿被直立抱着时表现得更开心
- 呼吸呈酸味
- 嘶哑的哭声，好像喉咙痛
- 体重增加缓慢
- 易怒
- 频繁进食

无声反流是反流的一种，只是它不会表现出喷射式呕吐的症状。这种情况下，婴儿可能没有任何外在的症状，因此被称为无声反流。无声反流可能让宝宝非常痛苦，因为患有无声反流的婴儿会在夜间频繁醒来，并且很难安定下来。然而，由于它没有明显的外在症状，因此通常更难诊断。

应对反流的技巧

- 在宝宝进食后，让他保持直立至少30分钟。如果你的宝宝是用配方奶喂养的，你要让他直立更长时间，因为配方奶比母乳更难消化。

• 特殊的睡眠定位器适用于缓解婴儿反流，因为它们能让宝宝保持一个更直立的姿势，让他在睡觉时更舒服。

• 背巾可以成为救命稻草。用背巾背着一个患有反流的婴儿，不仅能让他保持直立的姿势，而且能让他离你很近，帮助他平静下来、减轻痛苦。

• 不要给宝宝穿紧身衣物，尤其是不要把他的肚子裹得太紧，不然就会加重反流。宽松的衣物可以让婴儿感觉更加舒适。

• 如果你是母乳喂养，那就从你的饮食中去除那些会加重宝宝反流的食物。常见的“罪魁祸首”包括乳制品、辛辣食物、咖啡因、柑橘类水果、草莓和有核水果。

• 有反流的婴儿往往对更频繁、更小剂量的进食反应良好。

• 婴儿按摩，尤其是腹部按摩，可以帮助缓解婴儿反流。

牛奶蛋白过敏和乳糖不耐受

很多人觉得牛奶蛋白过敏和乳糖不耐受这两个词通用，但它们实际上是两种不同的情况。

牛奶蛋白过敏

尽管母乳喂养的婴儿出现牛奶蛋白过敏的概率较低，也大约有 2% 的婴儿会发生这种情况。牛奶蛋白过敏的症状往往出现得很早，特别是当婴儿开始喝牛奶时（如果母亲喝了牛奶，那么母乳喂养会间接地影响宝宝）。纯母乳喂养的婴儿很少出现牛奶蛋白过敏。当婴儿的免疫系统将牛奶蛋白误认为是身体需要对抗的异物时，他们的身体就会发生过敏反应。尽管人们普遍认为遗传是牛奶蛋白过敏的根源，但没有人知道有些婴儿发病的真正原因。不幸的是，并没有一个确定的测试可以诊断牛奶蛋白过敏，目前的诊断通常是通过一系列血液测试，皮肤点刺测试和大便测试得出的。

牛奶蛋白过敏的症状有：

• 腹泻（可能含血）

• 呕吐

• 过于易怒

• 皮肤问题，如湿疹

• 发育停滞，体重增长缓慢

牛奶蛋白过敏的唯一处理方法是避免某些食物的摄入。因此，提供母乳喂养的母亲应该完全排除乳制品的摄入，而用奶瓶喂养的婴儿只可以饮用特制的低过敏性配方奶。大多数婴儿通常在 4 岁时就不再对牛奶蛋白过敏了。

乳糖不耐受

乳糖不耐受是由于人体无法消化、分解乳糖而引起的，而乳汁以乳糖为主要成分。乳糖酶帮助身体分解乳糖，婴儿体内缺乏乳糖酶就会出现乳糖不耐受。

乳糖不耐受的症状包括：

• 腹泻

• 呕吐

• 腹痛

• 腹胀

• 便秘

乳糖不耐受并不危险，尽管它会让婴儿非常不舒服，但是身体对乳糖过敏的反应和对牛奶蛋白过敏的反应不一样。许多乳糖不耐受的婴儿可以接受酸奶、黄油和奶酪，因为它们比乳汁含有更少的乳糖。

我的第二个孩子就患有乳糖不耐受，他在纯母乳喂养时没有表现出任何症状，但是在他断奶之后，转而喝牛奶或配方奶粉时就开始出现乳糖不耐受。似乎在一夜之间，他就从一个快乐、自在的婴儿变成了一个脾气暴躁、经常失眠的孩子。现在回想起来，他那时要忍受严重的腹胀和便秘，可怜的小肚子常常变得非常肿胀，一定很难受。他的皮肤变得非常干燥，出现一块一块的斑点，与他在纯母乳喂养时又滑又软、干净的皮肤形成鲜明对比。后来，我只让他喝不含乳糖的特制牛奶，他在几天内就大大改善了。但是他一旦不小心喝了普通牛奶就会很麻烦。他上小学时，这个问题就没再出现过，而且他现在对牛奶也不再有什么不适的反应了。

母乳喂养的婴儿的含乳问题

如果母乳喂养的婴儿非常不安，可能问题就出在母乳喂养，尤其是婴儿含乳方面。即使你认为宝宝的含乳姿势是正确的，也非常有必要亲自向母乳喂养咨询师或哺乳顾问寻求建议，因为他们可以发现许多你没有意识到的问题。一般来说，如果喂奶让你觉得疼痛，那就很可能是含乳的问题。

尽管现在普遍的观点都认为母乳喂养没有伤害，但是出血或破裂的乳头和乳腺炎都是完全不正常的，而且这不仅仅是母乳喂养的问题，它们还意味着其他方面也出现了问题。如果你的宝宝是母乳喂养，他总是容易饿，哪怕刚刚吃过奶，或者他的体重没有增长，就很有可能是含乳问题。我要一再强调的是，你需要一个合格的专家来观察你喂奶并检查宝宝的含乳情况，尽早得到帮助可以减少很多麻烦和疼痛。在大多数情况下，含乳问题是很容易改善的，这能让你体验轻松愉快的母乳喂养。

一些母乳喂养的婴儿含乳问题的表现：

- 宝宝烦躁易怒

- 宝宝腹泻或便秘
- 宝宝进食时发出“咔嗒”声
- 进食时，宝宝的脸颊会有凹陷
- 进食时，宝宝耳朵不动
- 宝宝只含住乳头，不含乳晕
- 宝宝的吃奶时间过短或者过长
- 宝宝吃完后，好像没有吃饱
- 母亲的乳头疼痛、破裂或出血
- 母亲患上乳腺炎，出现奶道阻塞或严重充血

舌系带过短

据统计，多达10%的新生儿舌系带过短，但其中绝大多数未被诊断，舌系带过短可能会给父母和婴儿带来数周或数月的痛苦。事实上，诊断和矫正舌系带过短很容易，而且放松舌系带可以显著改善许多问题。我们很多人都熟悉“舌头打结”这个词，但通常认为它只是和发音问题有关，或者意味着一时不能清晰地表达我们想说的话，很少有人意识到它是一种影响婴儿健康的生理问题。

舌筋过短，也就是医学上所说的舌系带过短，是婴儿的一种先天缺陷——即张开口翘起舌头时，在舌和口底之间的薄条状组织异常短。这会影响舌前伸，大大限制舌头的活动范围。

不过，并不是所有的舌系带过短都有问题。我的第一个孩子出生时就有轻微的舌系带过短状况，但是没有引发任何问题，而且舌系带在他4个月大的时候就自己断了。也有一些情况比较严重，比如舌头几乎和口腔底部连在一起。喂养一个未确诊的舌系带过短的婴儿是什么感觉？一位母亲

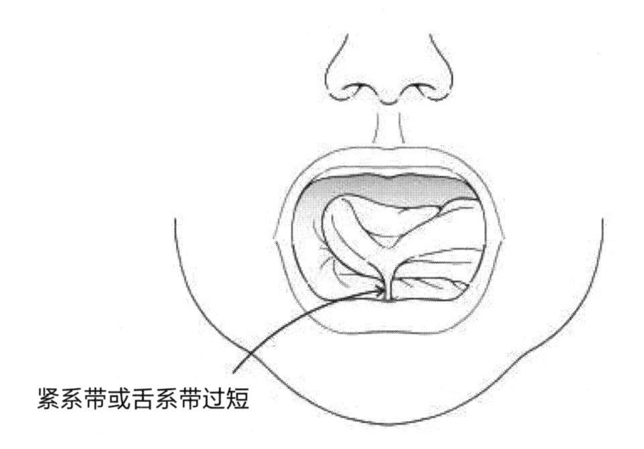

对它进行了描述：

我的宝宝一出生就按需喂养，昼夜频繁地吃初乳。然而，到了第三天，我的乳头开始疼痛和破裂。我用了两种不同的乳霜，据说可以帮助缓解和治愈乳痛，但都没有效果，而且宝宝含乳时，乳头越发疼痛。我尝试了不同的姿势，用枕头来协助调整角度，我很紧张，而且每次喂食时手足无措的感觉让我越来越难以忍受……

在分娩后的第八天，我的乳汁就出来了，我的乳房也从C罩杯膨胀到E罩杯。我买了新的文胸，这缓解了我这段时间的一些不适。然而，我的乳头越来越痛，而且经常在孩子含乳时流血。我只能不穿上衣在房间里走来走去，不让任何东西碰触到皮肤，但是有时就连接触空气都会让乳头发痛。我尝试过冷藏在冰箱内的皱叶甘蓝的叶子、凝胶护胸垫、硅胶乳罩，还有从那些声称可以提供帮助的商店里买的东西。但我仍然疼得很厉害，而且很明显，破裂的乳头引起了后续的问题。每次喂奶后，我的腋下都有一种剧烈的不适感。后来，医生证实我的孩子得了鹅口疮，我的乳头也被感染了，我们都必须接受治疗。

但是宝宝的鹅口疮很严重，而且越来越糟了。我心烦意乱、灰心丧气，我的身体也让我情绪更加低落。我只能下决心克服每次喂奶的痛苦，我不会考虑放弃，毕竟现在我已经走了这么远，我想成功。

婴儿舌系带过短可能引起的问题包括：

• 母乳喂养时不正常含乳

• 哺乳时乳头出血和疼痛

• 哺乳导致乳腺炎

• 用奶瓶喂奶时出现一些问题，比如婴儿的嘴巴不能包住奶嘴而影响他不能轻易地从奶瓶中吸奶

• 宝宝在吃奶时表情沮丧

• 宝宝吃奶后，仍感觉没有吃饱（或者很快就又饿了）

• 宝宝未能茁壮成长或体重增长缓慢

• 宝宝腹胀、易怒

如果你认为你的宝宝可能是舌系带过短，即使不是母乳喂养，也最好尽快去找母乳喂养咨询师或国际理事会认证的哺乳顾问进行咨询。他们能够检查你的身体，并向你推荐解决宝宝舌系带过短问题的专家。

婴儿的舌系带切开术，或舌系带松解术（通常被可怕地称为“剪断”），是一种简单、快速的手术，即在舌头下面小心地剪断舌系带。有时可能会导致少量出血，但手术后婴儿可以直接进食，不需要特别的护理。很多父母反馈在手术后立即看到了奇迹般的效果，婴儿吃奶顺畅了，也没有其他问题了。上文提到的那位母亲也描述了她的孩子进行舌系带松解术的过程及其效果：

我去了一个母乳喂养支持小组，那里的母乳喂养顾问证实我的宝

宝有短舌系带，这导致他含乳困难，无法顺利吃奶。母乳喂养小组开始行动，以便尽快解决这个问题。不到一个星期，医院的专业助产士就打电话帮我约诊。一个星期后，我的孩子做了舌系带切割手术，那是一个护士操刀的简单手术。我的宝宝当时哭了，但在手术后马上就能直接吃奶了。医生说手术成功与否就看她是不是会含乳。那时她才5周龄。

我们继续坚持。大约一个星期后，我终于摆脱了痛苦……我们是一个成功的例子。将近5个月过去了，我仍然在纯母乳喂养他。我很高兴我坚持了下来，但现在我对一些母亲选择放弃有了深刻的认识。坚持是很困难的，因为并不总能及时得到支持。

露茜的故事

我发现和埃德在一起的前三天非常困难。第一个晚上，他就是一个理想的婴儿。他吃奶后睡了几个小时，醒了一次，吃了奶就又睡着了。我很惊喜，以为自己生下了一个“天使宝宝”。但是在第三天晚上，他就是不愿意含乳，我开始挣扎着喂他。半夜我绝望地给医院打电话，他们建议我用杯子或瓶子喂。

我不知道他们所说的“杯喂”是什么意思，就根据自己的理解给了埃德一个奶瓶，他很喜欢，这对他来说似乎很容易。然后我们的情况就开始走下坡路了，他甚至都不愿再试着含乳，只想用奶瓶。事后我们才发现，早一点知道如何用杯子喂他才能让我们渡过难关，而给他奶瓶才是真正的问题开始的地方。

他吃奶的时候总是在我的胸部扭来扭去，起初我们以为这是由我们一开始造成的问题引起的。然而，情况越来越糟，他呕吐越来越严重。

我总是被他吐一身，我甚至不换衣服了，因为没有时间，也没有多余的衣服。我无论走到哪里，都裹着一身布。宝宝也睡得很不好，不仅经常醒，而且很难哄。在埃德 4 个月大时，他被诊断为胃食管反流疾病。对于这个月龄的他，确实不能更糟了。我喝的乳制品对我的母乳也造成了一些影响，我不得不放弃牛奶和豆乳。虽然我现在认为牛奶和大豆不耐受的问题与反流是分开的，但毫无疑问的是，这两个问题在他出生后的第一年里引起了真正的问题。

医生给埃德开了强效药，剂量也增加了好几倍。这位顾问可能从来没有真正把它看作一个严重的问题，因为埃德总是看起来很健康，体重增加，而且达到了所有生长发育的阶段性指标，他在其他方面都表现良好！顾问认为，他的情况对家庭其他成员的影响微不足道。在服药的情况下，他通常会很开心地上床睡觉，但之后会醒来两次（除了吃奶）。第一次醒来，他会尖叫长达 2 小时，有时甚至是 3 小时，然后睡上一觉，就开始第二轮尖叫，同样也持续 2～3 小时。

尽管谁都无法使他平静下来，我们还是会把他抱到我们的床上。他非常痛苦，每次听到他的叫喊声，我的心都碎了，他扭动得特别厉害，我连抱都抱不住。他只想平躺着，翻来覆去，直到一切都过去了。我和丈夫开始轮流在床上陪着他，另一个人就可以下楼到空房间去睡一会儿。我们每天都筋疲力尽。当我丈夫出差时，我就更加难熬，因为真的没有人能留下来帮我。有些夜晚太糟糕了，回首过去，我会为自己挺过来而感到震惊。我看过医生，他给我开了抗抑郁的药物。有时候，我真的感觉自己正在失去理智，我眼泪汪汪、充满困惑，遭受着严重的睡眠剥夺，这曾在战争领域中被当作酷刑。但我从来没有对未来感到绝望，与此相反，我们坚信这一切都会过去，尽管可能需要一年的时间。

在这艰难的一年里，我们都学到了很多。我意识到我并不需要我原本以为的那么多的睡眠；我学会了享受各种形式的休息，即使没有睡着，只是躺着和让自己放松常常就足以让我恢复精神和体力；我明白不管保持清醒有多让我难受，我都不会对埃德生气，反而为他受罪感到伤心，我愿意做任何事来排解他的痛苦；我意识到，每 3 个月预约 4 分钟顾问，不足以全面了解和治疗一个婴儿；我还了解到，父母的常识更有价值；我学会了如何爱，如何在最困难的情况下，让每一个家庭成员凝聚力量。

尽管 2011 年是我人生中最艰难的一年，但我仍然有很多关于爱、欢笑和快乐的回忆。尽管埃德在 14 个月时仍然不能适应乳制品，但他已经睡了一个多月的安心觉。现在他的饮食中有大豆，虽然很难满足全部需要，但已经适应得很好了。因为这次经历，我觉得自己变得更加坚强，更能够应对生活中的各种难题。每天我都为自己有一个很棒的、支持我的丈夫和两个可爱、健康的孩子而感到幸福。

凯特的故事

在我经历痛苦的分娩（由于分娩时间过长而被迫剖官产）时，我的孩子路易斯也经历了人生坎坷的开端。我真的很想母乳喂养。在生下路易斯之前，我就知道我会努力这样做，而且因为我没有顺产，所以更加坚定地渴望实现母乳喂养。

因为路易斯情绪很不稳定，所以我需要帮助。我们从医院回家的第一天晚上，他哭个不停，除非让他贴在我的胸部……我后来才知道这表示他饿了。他的体重也在下降 (他在出生第 5 天体重就下降了 13%)，助产士建议补充配方奶粉，可我不想这么做。没有人关注他含乳的情况，或者听我抱怨乳头疼痛的事情，他们只会说“也许这就是爱吧”。总之，那是一段非常紧张的时期。幸运的是，我们的助产士帮助我们接触到了一位非常棒的国际理事会认证的哺乳顾问，她到我家来观察了母乳喂养情况，并为我们制订了行动计划。接下来，一切似乎都很顺利，但没过多久，路易斯的体重又停止了增长，并且开始出现腹胀。

哺乳顾问第二次来访时，她发现路易斯有很多舌系带过短的迹象。她解释说，尽管他照常进食，但体重缓慢增加，因为他的短舌系带阻止他用舌头将乳汁正常地输送到身体，因此他无法喝到富含脂肪的母乳。一经确诊，我们的哺乳顾问立即安排路易斯进行了舌系带剪切手术，而且立刻见效。从那以后，我们再也没求助过医生了！

在路易斯出生后的6周里，我几乎一直待在家里，下定决心要好好哺喂他，由于他有一些吃奶问题，所以我都是尽可能地给他提供更多。我们的哺乳顾问总是在身边提供信息和知识，从有效输乳的电子邮件，到推荐好书给我阅读，以确保我们知道路易斯已经开始正确含乳，她还让我相信自己的母性本能。

现在，10个月过去了，我仍然在母乳喂养，这感觉太棒了。这是一条崎岖的道路，但幸运的是，一路上我们得到了很多很多有效的支持。

我以前从来没有听说过舌系带过短这种问题，但它的症状很明显，所以至少我们知道以后该注意什么了！

第十一章

出生创伤和亲密关系

许多从事产前护理的健康专家似乎没有意识到调整孕妇的情绪状态应该是他们的职责之一。

——米歇尔·奥登特（Michel Odent）博士，产科医生、作家

每次遇到第一次参加婴儿温和养育™课程工作坊的新手妈妈，我总是先请她们和我分享她们的分娩经历。

大多数时候，她们会感到困惑，皱着眉头，投来好奇的眼神，或者经常直接反问我“为什么”，毕竟，她们来参加课程不是为了谈论分娩经历，而是想弄清楚为什么她们的孩子总是哭，如何让宝宝安静下来以及如何在晚上能多睡一会儿。然而，对我来说，母亲的产后经历和分娩过程是紧密相连的，如果我们不回溯到分娩的时候（有时甚至可以追溯到更早——怀孕中和怀孕之前），就完全不可能弄明白关于新生儿的任何问题。只要有新手父母加入工作坊，我总会询问母亲们的分娩经历，我相信任何和新手父母一起工作的人都必须先思考分娩的经历以及这个经历如何影响到所有与之相关的人，因为这样才能提供真正的帮助。

分娩对母亲长期的生理影响

尽管我的分娩过程是顺利和温柔的，但我依然觉得自己在生完孩子后，就像参加了一场最为激烈的拳击比赛。我甚至不知道当时的自己感受到肌肉疼痛。在产后第一周的大部分时间里，坐下来几乎是不可能的，我感觉胃部肌肉都松弛了。我因为害怕撑开剖宫产缝线而不敢大便，即使用了大量的大便软化剂、泻药和温水，我还是不敢大便。我这辈子从没见过这么多血，而且我的产后疼痛非常严重，尤其在我生下第三个孩子时。我在家里通过水下分娩生了一个约 5 千克重的婴儿，分娩过程简直“一气呵成”，但在他出生后，我希望有人能拿给我一些药，药效越强越好，只要能消除那折磨人的剧痛。我还记得他出生后的第一个晚上，凌晨 2 点我坐在沙发上，喂他吃奶，我大声抽泣，产后的疼痛让我泪流满面。所有这些都是在我顺产之后发生的，所以我更加佩服做剖宫产的母亲们，因为在腹部大手术后，还没完全康复就要承担起母亲的职责真的很难。

我遇到过太多遭受会阴损伤、缝合不当的会阴切除术等的女性，她们不仅有身体上的不适，还会产生情绪上的不适——这会导致一系列连锁反应。我们不谈论母亲分娩后的身体康复，我也没在产前课上讲过这些。然而，分娩留下的身体伤痕可能会持续很长时间，甚至在愈合之后也会造成很大的伤害。

关于产后身体康复的建议

当新手妈妈问我产后恢复的秘诀时，我通常给出如下建议：

• 薰衣草浴。在一碟牛奶中加入 6 ~ 8 滴薰衣草精油，用手指轻轻搅动，然后倒入刚刚放好温水的浴缸中。加牛奶会让人觉得有点奇怪，但它能起到分散油的作用，否则精油会在水面上形成油斑。薰衣草对初为人母的人非常有舒缓作用，它也是天然的抗菌剂。

• 金盏花酊。稀释 6 滴在半杯温水中，涂在缝线的伤口处。

• 不要羞于在沐浴或淋浴时小便！这听起来可能很荒唐，但在分娩后，尤其是如果你缝过线，你可能会发现站在淋浴中或坐在温水中时，小便会更容易、更舒服。

• 穿宽松的内裤！如果你做过剖宫产手术，齐腰高的内裤就很好，不需要购买特殊的剖宫产短裤，也不要购买质量差、不舒服的一次性内裤。购买一批超大号、高腰的棉质内裤才是明智的选择。

• 不要用孕妇护垫。它们往往又大又笨重，不仅吸水能力弱，还会有从内裤里掉出来粘在大腿内侧的烦恼。我偶然间发现，新生儿纸尿裤比孕妇护垫好用得多——前者不会掉落，而且更柔软，不会摩擦缝线伤口，它更薄，但吸水性更强。

• 尝试薄荷茶。如果你做过剖宫产手术，可以试试薄荷茶，它可以帮助你清除那些可能导致胸部和肩膀疼痛的手术残留气泡。

• 在家就穿睡衣吧！我发现，如果一个新手妈妈穿着睡衣或浴袍在家里走来走去，家人就会照顾她，而当她穿好适合外出的衣服或化好妆时，家人似乎会认为她已经恢复了，往往会减少对她的帮助。

• 享受你的月子期。不要急着出门工作，要多放松、休息。如果你在刚分娩的时候流血过多，那么在孩子出生后大量出血是很常见的。享受与你的新生儿在一起的宝贵时光，不要急于回归生孩子前的生活轨道。尽量限制客人来访的频率和数量，永远不要害怕说“今天不行，抱歉，我很累”，也可以请来访者为你带份午餐或晚餐。

在理想的情况下，所有的新手妈妈应该在孩子出生后不久，问诊脊椎指压治疗师或整骨医生。在我前两次怀孕期间，我遭受了可怕的耻骨联合分离症（SPD，现在被称为骨盆束带疼痛），但我惊讶地发现在怀第三个孩子时，我没有再受到这样的伤害！

分娩对母亲长期的心理影响

他一出生，我就把他从水里抱起来，让他依偎在我的胸前。那种感觉好像世界都静止了，一切都安静下来了，唯有清风拂面。我完全被他迷住了，感到很兴奋。我好爱他。

你有同感吗？事实上，我课程中的新手妈妈们常常羞于承认她们并不确定自己是否真的爱孩子，也不愿承认自己没有瞬间的“爱的冲动”，而是过了很长时间才确认这份爱。我听到类似这样的表达比上面那段抒情要多得多。以下是曾经参加课程的几位妈妈的回忆：

我在全身麻醉的情况下做了剖宫产手术。我醒来时孩子已经出生了。我看到丈夫怀里抱着一个裹得严严实实的襁褓，我的第一反应是：他从哪儿弄来了这个孩子，这是我的孩子吗？

我感到失望和悲伤。

第一次分娩时，我因为被麻醉所以失去了对身体的感知，它只给我留下了震惊和疲惫。我很高兴孩子能平平安安，但我对自己很失望，因为选择了剖宫产。我觉得孩子和我都能活下来是很幸运的，但是我们当时忍受着分娩的痛苦，而不是在这个过程中得到升华。这样痛苦的经历哪怕是发生在我最大的敌人身上，我都会于心不忍。我儿子的头上至今还有一道吸盘留下的伤疤。我不仅为自己留下的伤疤感到难过，更为孩子感到伤心。

我觉得那时自己是被“屠杀”，而不是孕育出新的生命。那是一段糟糕的经历，分娩之后的两年里，我每每谈到它都是哭哭啼啼的！我的身体还没有完全恢复。我病得很重，甚至一连48小时都无法去在意我的孩子。助产士把他带走喂奶，而我却什么也做不了。我把这一切都归咎于被引产。

著名的法国产科医生、作家米歇尔·奥登特博士说："我们现在有科学证据来解释爱的能力是如何通过激素的复杂相互作用来发展的，激素是在许多爱的经历和亲密的人际交往中分泌出来的，包括性交、受孕、分娩、哺乳，以及和爱的人共进晚餐。催产素是一种'爱的激素'，它的作用尤为重要。相比通过静脉滴注产生的人工合成催产素来说，通过人体接触而自然产生的催产素对包括大脑在内的许多身体器官都有更重要的影响。"

血脑屏障会阻止人工催产素进入大脑。如果有人建议你用催产素滴注来进行分娩或"加速"分娩，或者通过注射催产素来分娩胎盘并防止失血（所有这些都含有合成催产素），你可能不觉得有什么问题。但是，当你了解到它们会直接导致母体大脑缺乏催产素之后，就该意识到使用这些被认为是"安全"的化学物质会对母婴关系产生多么灾难性的影响。催产素是爱的激素，如果从母亲的大脑中剥夺这一功能，那么母婴间的亲密关系就会遭到破坏。

不仅仅是合成催产素会影响亲密关系，以下这些情况都会对早期亲子关系产生负面影响：婴儿出生后缺乏与母亲肌肤接触，给婴儿戴上帽子裹着襁褓并把他留在婴儿床上，急于给婴儿穿上衣服保暖等。然而，在分娩后一小时内喊醒宝妈，打开明亮的灯光，和她说话，提醒她并给她一些轻微的身体刺激，鼓励她去洗手间，或调整姿势来娩出胎盘，都会对早期的亲密关系产生积极的影响。事实上，在充满干扰和缺乏催产素的非自然环境中，所有其他灵长类动物都会排斥自己新生的后代，而人类是唯一无法拒绝和自己的孩子保持亲密的物种。分娩，尤其是分娩后的第一个小时，我们不应该和孩子分开，我们不该从一开始就抗拒这些亲密行为。

我经历过分娩和引产，前两个孩子的出生过程都充满了阻碍。第一次分娩过程很不顺利，我被注射针剂来加速宫缩，羊水也被粗暴地打破，我接受了六次侵入式的阴道检查，还被限制在一段有限的时间内生下孩子。但我当时不在乎这些，因为对我来说唯一重要的事情就是结束疼痛和恐惧，于是我请求做硬膜外麻醉。我的孩子出生后就立即被带去检查了，而我什么都没来得及说就被注射了麦角新碱（一种宫缩药）。

我生第二个孩子的时候，做了子痫前期引产。医生说因为我的身体状况不好，所以只能用合成素来生产胎盘。在频繁的阴道检查、持续的监测之后，一个儿科医生在我刚完成分娩时就把孩子带走检查，完全没有让我们有任何肌肤接触。事实上，直到三天后我们离开医院，我和孩子才有第一次亲密接触。

我是瞬间就爱上这两个孩子的吗？并不是的。我爱上第一个孩子是在他三个星期大的时候，而与第二个孩子产生亲密感甚至用了好几年的时间。我爱宝宝们，所以我必须努力让他们感受到这种化学反应。考虑到我的引产情况，孩子出生后就被医生匆匆带走，我被留在病房里观察了三天之后才看到被裹得严严实实的宝宝。每次我把他抱到我的床上睡觉，渴望和他多一些肌肤接触时，总有人告诉我不能和他一起睡，甚至有好几次我醒来时都发现他不在我怀里了，也不知道是谁把他放回了婴儿床里。

然后是第三胎和第四胎。我的第三个孩子拉弗蒂是在家里出生的。我躺在昏暗客厅中的一个分娩池里，旁边有一位非常尊重我的助产士，全程都没有触碰我们。在孩子出生后的三天里，除了丈夫和我之外，没有其他人碰过他。那时我终于知道对宝宝“一见钟情”是什么意思了——在他出生后的 30 分钟内，他一直在我的怀里，我不仅爱他，我还爱所有人！我仿佛置身于一片金色的、温暖的爱的泡沫之中，我从未如此兴奋过。生下孩子应该是这样的感受，我的第四个孩子维奥莱特出生时，我也得到了相同的体验。是催产素，是我对他们俩的爱让他们感受到了这种“化学反应”，难怪他们一生下来就如此平和。遗憾的是前两次生育都失去了这样的体验。

每看到我前两次分娩的照片，我的眼眸就会填满深深的悲伤，因为我没能经历自然的分娩，并遭受了很多痛苦。我没有感受到爱，除了解脱之外，我什么都没有感觉到。它已经结束了，但在之后的数年里，我一直有一种空虚、悲伤和困惑的感觉。为什么那么多新手妈妈发现很难和孩子建立亲密关系，很难理解孩子的哭声，很难感受到自己的母性本能呢？现在看来，这并不奇怪，因为我们剥夺了许多母亲原本应该体验的自然“化学反应”，也没有预料到为此所付出的代价。

分娩对父亲的持续心理影响

不仅母亲会遭受分娩创伤，父亲也一样。我们常常忽略父亲，但是分娩对父亲来说，是一件极度情绪化的事件，有积极的方面，也有消极的方面。母亲分娩时，似乎没有人关心父亲，没有人握着他们的手，告诉他们做得很好，没有人拥抱他们，倾听他们的担忧或者告诉他们想哭就哭。我们期待父亲能成为支持的力量，然而，他们自己需要的支持又该从哪里获得呢？我们越早发现这个问题就越好。作为一名助产士，我坚信我应该把10% 的精力投入到对孕妇的支持 (如果孕妇被单独留在一个良好的环境中，她们的需求会比较低)，用 90% 的精力去支持孩子父亲。

孩子出生顺利，对父亲来说也是一件好事，这能让他和孩子迅速建立亲密关系，就像母亲和孩子那样。但如果出生过程坎坷的话，就很难了。我做过几次吸盘分娩和外阴切开术，尽管已经结束了，但之前的情景和噪音现在仍然萦绕在我的脑海。看到伴侣处于痛苦之中——被割伤，或者被用很大力气从身体里把孩子拉出来，孩子父亲会有什么感觉？作为一个孩子父亲如果你的孩子在探视时间之外的两个小时后出生，你并不清楚发生了什么，甚至感到无助，但也只能焦急地等待。

我们似乎没有意识到，目睹艰难的分娩过程对父亲来说是多么痛苦，也没有意识到这会影响到他向父亲角色的过渡。我们已经知道当父亲支持母乳喂养时，母亲会更容易一些，喂养时间也更长，但我们还需要记住，分娩也会对父亲产生很大影响，进而对父亲能够给予伴侣的支持产生巨大影响。

从创伤性分娩中进行心理恢复的建议

许多新手妈妈问我：怎样才能克服因分娩而产生的悲伤、内疚和抑郁的情绪？基于我前两次的分娩经历，我认为唯一真正有帮助的是原谅和理解——原谅我自己和那些陪着我的人（包括我的孩子），理解发生了什么以及为什么会发生，知道自己并不是失败者，而只是缺少了一些支持和更多相关的知识。

如果我们现在还不讨论生育创伤的问题，我们如何让后代做出更多改变呢？如果我们不了解这些信息，我们怎么能让下一次生育更顺利呢？我知道这是痛苦的，但如果我们想改变，我们必须讨论它，我们必须与所发生的事情和平相处，最重要的是我们必须原谅自己。这一章的其余部分会围绕产后心理恢复展开，以期帮助一些父母从分娩创伤中尽快恢复过来。关于这部分，我所分享的内容没有多少科学证据，主要是收集了一些经历、经验，但我认为它们确实能够提供一些帮助。

说，说，说……再多说一些

在我第一次痛苦的分娩后，没有人愿意听我说话，我甚至不确定在其他人眼中这段经历是否痛苦。我听过很多诸如此类的话：“至少宝宝现在很安全，这才是最重要的。”这么久以来，我真的很想自私地大喊出来：“不！不应该只是这样！难道我不重要吗？”但我却没有说出来。在我的课程活动中，我鼓励许多新手妈妈对我说这些话，帮助她们把那些感觉发泄出来，并让她们接受自己。分娩很重要，它不是生命中的“某一天”，而是可以永久地重塑你个性的一次经历。如果过程顺利，它会改变你的生活，让你在之后的几年里都处于轻松愉快的状态；如果出了问题，你可能会在孩子出生后的几个月甚至几年里一直感到沮丧，并对你和孩子的关系产生持久的影响。

找一个你愿意与之交谈的人，一个你可以信任的人，一个善于倾听的人，而不是一个经常打断你并试图给你意见和建议的人。现在很多医院都有产后心理咨询师或助产士，他们会很乐意和你一起看你的分娩笔记并解释过程中发生的事情。如果你找不到可以当面交流的人，也可以尝试电话沟通。刚开始谈论孩子的出生时，你会感到痛苦，会哭泣，也会感到愤怒，甚至会越聊越难受，但过一段时间它就会变得容易，并真正开始帮助你。和你的伴侣谈论分娩也很重要，他自己也可能隐藏着感情，而这也会阻碍他与孩子建立亲密关系！

写下你的分娩故事

我们可能会记录下来那些让我们感到备受鼓舞的分娩经历，但对于那些并不积极的体验，其实我们更应该写下来。你不需要把它给任何人看，只是把它写下来，然后撕掉，甚至烧掉，都能起到很大的宣泄作用。把你的想法写在纸上是很有疗愈效果的，不然为什么有那么多人写日记呢？记住，一张纸就是很好的听众！

重塑完美的分娩过程

重新创造完美的分娩过程的想法可能听起来很奇怪，但它可以让你尽情宣泄，而且能帮助你修复情感创伤。如果你想要母乳喂养，但是存在一些困难，这个方法还可以帮助宝宝学会含乳。我发现重塑完美的分娩过程对于从家庭转移到医院分娩和紧急剖宫产的情况特别有效。

我曾经用这种方法帮助过一对夫妇创造了积极的记忆，并让他们享受到了曾经想要的分娩环境。他们原计划在家里进行水下分娩，但因耗时太长不得不转移到医院进行紧急剖宫产。生完孩子一个星期后，我们又为他们建了一间产房。那是一个寒冷的冬夜，我们用暖气让房间升温，把他们的分娩池拿出来，装满了温水。我们点上薰衣草和鼠尾草精油，又点燃蜡烛，一起喝葡萄酒、吃水果，还播放着轻柔的音乐。在爸爸给宝宝脱衣服的时候，妈妈已经进入分娩池，闭上眼睛漂浮了一会儿。爸爸把婴儿轻轻地放在妈妈的肚子上（让宝宝的头露出水面），然后我们安静地坐了下来，美妙的情景呈现在眼前——婴儿慢慢地爬起来，贴在妈妈的乳房上（这种方法通常被用于解决剖宫产后宝宝的含乳问题），当他这样做的时候，妈妈不停地抽泣，几乎流下了一整个星期的眼泪。他们在那里待了一个小时，然后一起回到床上，一整夜都彼此挨在一起。虽然这并不能弥补她曾失去的自然分娩，但现在她也有了一些美好的回忆。

享受皮肤接触

我已经很多次提到这个话题了，但是我要再一次强调和宝宝皮肤接触的重要性和长远的好处。在我的婴儿温和养育™课堂上，我总是在第二课开始前，让妈妈们脱下孩子的衣服，闭上眼睛并紧紧地抱着光溜溜的宝宝。然后我会让他们感受孩子的每一寸肌肤，完全通过触摸来了解孩子。

我曾见证过这个方式最深刻的影响——一位母亲带着她的第二个孩子，是一个 4 周龄的孩子，在开始做这件事的一分钟内这位母亲就开始哭了。她生下小宝宝之后，一直忙于照看蹒跚学步的长子，而且为了不滋生长子的嫉妒之心，她常常把小婴儿包在背巾里放在婴儿床上，所以没有时间去了解小婴儿——尽管她的分娩过程是完美的。她说这一次触摸活动才是她第一次真正触摸自己的小婴儿。共浴和共眠一样，都是母婴皮肤接触的好时机，用毯子把宝宝裹住，拿出纸尿裤，然后拥抱他们。

皮肤接触对于用奶瓶喂养的母亲来说是非常重要的。母乳喂养可以让宝宝每天多次和母亲进行皮肤接触，但用奶瓶喂养的母亲在给宝宝喂奶的时候可能不会解开她的衬衫，和宝宝的皮肤紧贴在一起，但这绝对值得一试，而且完全没有理由仅仅因为你用不同的方法喂养孩子，就放弃与宝宝肌肤接触的机会。

尝试使用背巾和共睡

用背巾抱着宝宝可以让你尽可能多地和宝宝肌肤接触。要想了解更多关于这方面的内容，请回顾第三章和第四章。

避免使用有气味的盥洗用品

哺乳动物通常都强烈地依赖气味来与它们的后代建立亲密关系，而人类是唯一剥夺我们新生儿自然气味的哺乳动物，并用人工气味取代了他们天生的气味（即使所使用的人工气味是源于自然的，比如薰衣草，但它们对孩子来说也并非天然的）。不要低估婴儿对天生气味的敏感性。请远离洗发水、婴儿沐浴液、婴儿肥皂、爽身粉、润肤霜和婴儿湿巾，尽量坚持用清水给宝宝沐浴，尤其是像头部这种妈妈们每天都会不自觉地用鼻子闻很多次的地方。

你的宝宝会更喜欢自然气味，而不是带香味的沐浴露、洗发水或香水。

使用一些心理技巧

催眠、神经语言程式学（简称 NLP）、视觉化和自我肯定都是可以用来帮助建立亲子间亲密关系和产后心理恢复的有效技术。我特别喜欢一种名为“swish”的神经语言程式学技术，这种技术非常有效，而且很容易在网络上搜索到。

你可以尝试和宝宝在一起时，简单地想象一下爱、幸福和建立自信的感觉，或者重复一些诸如“每天我都感到我的自信在增长，我对宝宝的爱也越来越多”之类的话（起初你可能会觉得自己很愚蠢），都很有效。你也可以去找催眠治疗师，或者买一张催眠 CD，为你提供在亲密关系和信心建立方面的催眠。

催眠和神经语言程式学（NLP）

催眠是一种非常自然、深度放松的状态，就像在享受自动驾驶或做白日梦。在这种极度放松的状态下，我们不再那么挑剔，而是更愿意接受新的思维方式。很多人担心，催眠疗法会类似于舞台催眠或在电视上所看到的催眠，但事实并非如此。催眠中，你受到完全的控制，但都是自我控制，催眠并不意味着治疗师对你做了什么，你只是受到催眠治疗师或催眠 CD 内容的引导。它在任何意义上都不是精神层面的，而是一种自然放松的状态。在催眠状态下，没有人能强迫你做任何你不想做的事情，而且在整个过程中，你都会保持警觉和清醒，而且非常平静。

神经语言程式学是一种理解和改变个人的想法和感受的方式，以期达到更积极的结果。神经语言程式学的一个主要观点是，我们通过感知和过滤感官所吸收的信息，形成了我们自己内心世界的心理地图。对于消极的出生体验这种情况，神经语言程式学可以帮助我们消除一些伤害性的感觉，让我们更有能力从体验中感受到积极的方面并开始前进。

在经历了创伤性的分娩后，去向催眠治疗师、NLP医生求助或听催眠 CD 可以很好地治愈你，并帮助你更轻松地过渡到母亲身份。

交给时间

很多人说时间是最好的治疗者，所以你也不要焦急，焦急只会让你感到更加内疚。你已经证明了你是一个多么伟大的母亲，你已经意识到这个问题并且想要改变，所以改变一定会发生，而且从你认可自己的那一刻起，它其实就已经发生了。这种变化可能不会是立竿见影的，尤其当你是第一次经历悲伤的时候。在我自己痛苦的分娩后，时间、接受和理解对我的帮助最大，但如果我说这十年来我都再也没有后悔或内疚过，那其实是在撒谎。

那么，我该如何处理那些在婴儿温和养育™课程中从新手父母那里收集来的分娩信息呢？大多数时候我什么都不做，有时我会建议他们去求助于脊椎指压治疗师、母乳喂养顾问或助产士。我会保持倾听。对于新手爸妈来说，这可能是第一次有人倾听，我们永远不应该低估倾听对一个人的心理状态的影响。生育很重要，你也很重要，所以给自己时间，主动寻求你需要的帮助和支持，因为当你照顾好自己的时候，你才可以更好地照顾你的新家庭。

凯瑟琳的故事

我女儿的出生并不顺利。她闪电般地来了，医生说我没有开始分娩但事实上我有的时候，我陷入了巨大的恐慌——虽然进行了自然分娩，但那是一次非常可怕和痛苦的分娩过程，它甚至导致了三次撕裂。我被带到另一个房间，在生完孩子之后的整整一个小时里都在缝线，我感觉自己被残忍地夺走了我和宝宝身体接触的亲密时光。我的丈夫当然和我的小女儿在一起，他解开衬衫，紧紧地抱着她，我很感恩他们有这样共处的时刻，但也很遗憾我被剥夺了那种体验。后来，我终于回到了房间，发现我的小女儿被放在塑料小床上，被包裹得像一个漂亮而失真的小玩偶。那时正值午夜时分，我丈夫在帮我沐浴之后，便回家过夜了。我整晚盯着我的女儿，兴奋、震惊、无法入睡，却因为我的身体太痛了而抱不动她。那天晚上我哭了整整 6 个小时，我感到害怕、沮丧和空虚。我想抱她，但没有力气也没有信心，我只好把柔软的玩具堆在她身边，然后坐下来盯着她看，回想她在我身体里时我们离得有多近。

当我们带她回家时，我也有同样的分离感。第一天晚上，我把她放在我们床边的小婴儿床上，我身体的每一部分都感觉不对劲。她发出的每一种声音都令人心碎。我不敢闭上眼睛，担心她会停止呼吸或被带走。我燃起了强烈的保护欲，但却好像又失去了保护她的力量，因为她不再在我的身体里了。我们之间相隔着十几米的黑暗，冷冰冰的睡篮、毯子和她周围的一切似乎都对她构成了威胁，就好像我们安全的卧室已经变成了“食人兽的死亡陷阱”。我知道我或许是在大惊小怪，但我睡不着，她也睡不着。

几个星期过去了，我的女儿只能睡在大人的怀里，如果睡在睡篮里，她就会发出非常可怕的断断续续的声音。这种情况下，我只能在沙发一边轻轻打盹，确保自己能看到睡篮里的情况，并在她想睡觉的时候抱着她。她发出的每一种声音，都让我担心她快要停止呼吸了。在女儿出生头两个月里，我几乎每隔20分钟就要检查一次她的呼吸。我渐渐睡眠不足，情绪低落。我已经当妈妈了，但我所拥有的似乎只是一种神经质的感觉——自己和女儿不够亲近，自己不够好，自己无法保护她，也无法帮助她入睡。我睡眠不足，但又迫切地想和女儿相亲相爱，我恨我自己。

回首这些心生凉意、睡眠匮乏的时光，我常常讶异于自己竟然没有想到和孩子共睡。我知道女儿想要的就是和我亲密无间，就像我怀孕时那样亲密。可是，我总是担心她的安全，我缺乏相关的知识，这都阻止了我去尝试做一件可以解决我们所有问题的事情。我听到了太多太多来自社会的警告——和孩子一起睡觉是不安全的，如果你和宝宝睡在同一张床上，你的宝宝肯定会窒息而死。所以我躺在床上就会烦躁不安，对婴儿猝死的恐惧使我不敢冒险。我花了两个半月的时间来折磨自己，尽我所能让女儿在白天和晚上的时候都在我的手臂上睡觉。她哭，我也哭，但这确实是我当时唯一的选择。

在一个比以往睡眠更少的一天，我躺在床上给女儿喂奶，我们俩都睡着了而且我们一起睡了3个小时，以前的三个月里从来没有过，这就像一个奇迹。不仅如此，我睡得很安稳，几乎没有挪动身体！但当我醒来的时候，我发现我的手臂搂着女儿，她的手臂也搂着我。我没有翻身，没有把她推开，最重要的是我们都睡得很熟。那是她出生以后，我第一次感到平静，感觉自己像一个母亲，我们的关系也终于在这3个小时里得到了修复。

我的女儿现在已经10个月大了，她开始在自己的小床上入睡，但当她醒来时（通常是我们就寝的最佳时间），我们就把她抱到身边一起睡。我们使用侧护栏，目前一切都很好。毫无疑问，如果我们足够幸运能让家庭再增添新成员，将会有更多的问题需要解决，但我现在可以自信地建议所有新生儿家长和孩子共睡，它让我重新感受到分娩之后就被夺走的亲密联结，我会永远感恩。我现在真的希望父母能把共睡作为一种积极的选择，而不是意外地发现它的好处或者把它当作最无奈的选择。

第十二章

向“母亲”过渡

孩子出生的那一刻，母亲也“出生”了。她以前也确实存在，但并不是作为“母亲”而存在的。所以，母亲也是新生。

——拉杰尼希（Rajneesh）

你今天做了什么？每当我问新手妈妈这个问题时，她们通常会回答“没什么”。作为母亲，这样的回答表示我们没有意识到自己的价值，没有意识到我们扮演了多么重要的角色，也没有意识到我们到底做了多少事情。如果我们不重视自己，怎么能指望别人重视我们呢？在过去的一周里，我一直在思考这个问题，孩子们在家里玩的时候，我和朋友们一起聊天，很多人说他们因为厌烦、沮丧、疲倦和内疚而抓狂——要么认为她们应该多做点什么，要么认为她们应该少做一些，当她们发现孩子打架、在墙上画画或整天哭的时候，觉得自己不是一个好妈妈，作为母亲总是在进行最严厉的自我批评。

让母亲内疚的魔咒

内疚感是作为母亲最糟糕的部分之一。做一个母亲是很难的——不仅仅难在几百个不眠之夜和没完没了的哺喂过程。也许做母亲是人生所有“第一次”中最难的，也是人生最大的转变和最彻底的改变，从无忧无虑过渡到为照顾这个幼小的新个体而产生的巨大责任感。你不再只有“我自己”了，你现在变成了“我们”。

更极端的是，你可能会发现你失去了自己的身份，失去了自己的名字，因为你现在被称为“某某的妈妈”。我知道这些，因为我已经被这样称呼了近十年。一些经常与我交谈的人甚至根本不知道我的名字是什么。我不再是“萨拉”了，在我有孩子之后就是这样的。有时就连我自己都忘了“萨拉”是谁了，因为我的整个生命都和我的孩子们交织在一起了。

起初，我和许多新手妈妈一样，抗拒这种改变，后来才开始拥抱并接受它。现在我已经不会再怀念从前。曾经的“萨拉”可能会晚上出门参加聚会，完全不用为请保姆、宝宝生病、皱巴巴的衣服、头发凌乱这类事情而烦恼；她可能买得起昂贵的化妆品，花不少钱做新发型，穿名牌服装；她也许可以在想读书的时候就读完一整本书，或者在假期一整天都躺在泳池边不被打扰。但是，现在的她拥有了更有价值的东西——孩子。她不断提醒自己到了什么人生阶段，她有无限的爱去给予和接受，这比她以前拥有的多得多！我花了这么长时间才意识到这一点，真是太遗憾了！

当你有了这个想法，我想再给你一个挑战——做一份家庭作业。明天早上，当你醒来的时候，找一张纸和一支笔，写下你这一天做的每一件事，从给孩子换纸尿裤到喂奶，从洗碗，到买杂货、付账单，以及你花在家人身上的时间，花在网络上搜索解决办法的时间，花在阅读这本书上的时间……你做的每一件小事都是值得的，对你孩子的生理和心理健康都至关重要。你会发现你实际上完成的事情比你以为的要多得多。你绝对没有什么可感到内疚的，而是应该为你自己感到骄傲。

《母亲做什么》（*What Mothers Do*）一书的作者娜奥米·斯塔德伦是一位精神治疗师，她也谈到了“母亲烦恼”的重要性，并评论了这是一种多么值得称赞的技能。娜奥米解释了母亲如何不断为家庭而努力，她们在做决定前是如何权衡利弊的，或许朋友和家人会不屑一顾地说“你焦虑过度了”，但这不是问题，而是值得祝贺的事情！母亲确实很忙，而且在忙于重要的工作！

完成记录之后，第二天晚上你再认真看看你的笔记，感谢自己所做的一切，感谢自己拥有的一切，你是了不起的，你应该深信不疑。你还应该为自己作为母亲而感到骄傲，永远不要以为自己缺乏价值而道歉，永远不要为家里的脏乱而道歉，永远不要为你没有收拾好妆容而道歉，因为你现在所做的事情更有价值。

新手妈妈的坎坷之路

通往母亲的道路对一些人来说是一段短暂而轻松的旅程，但对大多数人来说，它是一段艰难的旅程，但也是一段伟大的发现之旅，不仅仅是养育子女的发现之旅，更是一段奇妙的自我发现之旅。初为人母，让很多女性的整个世界都颠倒了，她们常常会对自己长期以来的信念产生怀疑，发现自己不曾有过的情绪，觉得一些曾经如此重要的事情突然变得微不足道。做母亲有时会产生失望的感觉或感到力不从心，但不要把这些感觉和障碍视为失败，而要把它们视为做出改变的机会。

失　控

我认为我第一次做母亲时发现的最困难的事情之一就是我感到完全失控。我曾经有一份很不错的工作，当然也承担着重大的责任。我每天都在固定的时间起床，穿上制服，开车上下班，有一系列的日常工作要做，这些都是我能掌控的。我每天都在大约同一时间下班回到家，大约同一时间做饭和吃晚饭，我每周二晚上去练瑜伽，每周四去杂货店购物，每周六去买衣服，每四个星期做一次美容护理，每八个星期理一次发。我知道什么日子该做什么，知道自己在银行存了多少钱，知道好朋友和亲戚的生日。所有这些，我都可以轻松掌控。在我第一个孩子出生之前，我就已经买了他在一岁之前需要的所有衣服，并把它们整齐地叠放在抽屉里，或者挂在重新粉刷过的白色衣柜里的木架上。我囤了足够的纸尿裤可以撑过宝宝出生后 3 个月，还有足够的棉布甚至可以给百万个宝宝擦身体。这一切都在我的掌控之中。

然后他来了，而我，几乎立刻就失控了。这么小的个体怎么可能比我以前的整个职业生涯对我要求更高呢？我已经习惯了做董事会报告，不假思索地飞到国外出差，受委托做一项很有价值的研究。可是，一夜之间，我的生活变成了换纸尿裤、喂奶、摇宝宝睡觉这些事情交织在一起的样子。我开始想不起来今天是星期几，更不用说具体的日期了。偶尔我甚至会忘记月份和年份。我尝试给宝宝建立一日常规的想法一次次化作泡影，所以建立起一日常规的渴望也就越发强烈，尤其是我读过的杂志、图书和网站都极力主张这样做。我受到了诱惑，甚至又尝试了几天的常规训练，但我和我的长子塞巴都不喜欢。尽管在我成为母亲之前，我是按照自己的常规生活，但不同之处在于，现在我需要遵循一个婴儿的常规，这对我来说就像被扔进了无常规的混乱中一样陌生。塞巴的反应和我一样强烈，他不喜欢别人告诉他什么时候吃、喝、睡、玩，我能从塞巴的眼泪里看出他厌恶的情绪。

对我们来说，关键是要接受这种新的生活方式。我不否认这在一开始是很困难的，但慢慢地，我开始喜欢我们日子里平静的节奏。令人惊讶的是，当塞巴 3 个月大的时候，他形成了自己的一日常规：早上 7 点起床吃饭，上午 10 点再吃一顿加餐，然后一直睡到午饭时间。他已经找到了他自己的生活规律，我几乎可以根据他的作息来安排自己的事情，我也在这样的生活中重新获得了一些掌控感，而不是控制他。

我从来没有尝试要控制任何一个孩子。经常有人对我说：“哇，你养育了四个孩子，相当于一个迷你型企业了，你是怎么做到的？有什么秘诀吗？”我总是告诉他们我没有秘诀，但当我仔细思考时，我发现真正的秘诀就是接受这些变化，顺其自然，放松一点。母亲的身份确实改变了我，但现在我可以肯定地说，我相信这一切都变得更好了。

初为人母所经历的震惊和困难的体验

在我的研究过程中，我向几位新手妈妈询问过她们初为人母的经历，特别是她们是否有遇到过一些不可思议或困难的瞬间。以下是她们的一些回答：

> 它改变了我的一切。即使是我不知道的事情也需要改变。我再也回不去了。

> 我发现难以控制。我曾经习惯了掌控生活的方方面面，但现在我不再努力去追求什么常规，而是顺其自然，我开始喜欢这样了！让我惊讶的是最初几周是多么艰难。还有我对孩子的爱，让我觉得没有什么比他更重要了。他是我的生命，我生活的全部焦点。我已经想不起来在他出现之前我都做了什么了！

> 没有任何东西能让我对爱有所准备。这不是你对伴侣、兄弟、姐妹、母亲或父亲的爱。这是难以形容的。

> 当我第一次看到我的宝贝女儿的时候，我就喜欢上了当妈妈！当妈妈让我体验了世界上最好的感觉。我原以为母乳喂养会很容易，但我意识到这对我来说并不容易。我也很惊讶，一切都是自然而然地发

生的。我很害怕，当她来的时候我不知道该怎么办，但我做得很好。

我发现自己很难控制自己的时间，因为我是一个很有条理的人（或试图如此）。当我有了孩子之后，我感到很害怕，因为我以前和孩子没有太多的关系。我最初的反应是：我现在到底该怎么办？妈妈，帮我！我不想我的妈妈离开我，我感到非常害怕。我翻看了无数本教我育儿的书，但每一本看起来都不太一样，所以我在网络上搜索了一下，没想到也有成千上万条不同观点的评论。我只是想找一本养育说明书而已。我花了好几个月的时间才适应做母亲这种“正常”的生活，但现在18个月过去了，我太爱我的儿子了，我简直不敢相信这么可爱、这么漂亮的小家伙是我自己创造出来的。

你第一次抱着孩子的那一刻是这个世界上任何事情都无法比拟的。我记得有人跟我形容过，但你永远无法真正做好准备，去接受那种让你难以想象的美妙感觉，我有时会担心，某天醒来时，我把它不小心忘记！有一件事我绝对没有准备好，那就是有了孩子之后，当我不确定自己是否做对的时候，我总是感到内疚。养儿育女的方式有很多，每个母亲和孩子也都是不同的，我发现很难不去揣测别人的方式是不是更好（现在仍然是这样），总觉得也许我也应该那样做……我很羡慕那些对自己的每一个决定都充满信心的妈妈，也很羡慕那些坚信自己的方式是最好的方式的妈妈，但我不得不承认，最初的不确定和质疑显然就是我自己的方式，我最终总会让自己满意的。生下孩子是我做过的一件让我感到骄傲的事情。

为人母之后让我满意的是可以躺在床上盯着漂亮的宝宝！糟糕的是，感觉有点孤独，仿佛与世界脱节了。

重返职场还是全职在家

对许多母亲来说，产假常常苦乐参半。当她们开始真正喜欢和孩子待在家里时，她们似乎又必须离开孩子回去工作了。我遇到的一些母亲，为了和孩子待在家里，选择做出巨大的牺牲，比如搬家换房，卖车，放弃假期，减少社交生活等等，她们想要跟孩子尽可能地多待在一起，建立亲密关系。

一些母亲认为，重返工作岗位，保持思维活跃，花点时间离开孩子，可以让她们在一天结束时再次续满精力和热情回到孩子身边，这样她们会成为更好的母亲。其他人或许是有经济需求才选择回到职场。但有一件事是肯定的，无论你做什么选择，你都有可能会感到内疚。有时你会羡慕那些和你不同的母亲，并希望自己做出和实际相反的选择。这就是 21 世纪母亲的生活：作为一个新手妈妈，我们不仅要适应生活，还得兼顾其他工作。不像我们的长辈们，如今我们往往很少得到其他家庭成员或社会团体的帮助。我们期望能轻松地平衡这些角色，也被期望在成为“好妈妈”的同时，在所有方面都表现出色（我是多么讨厌这句话）。难怪产后抑郁症如此普遍。我们不是超人，我们也不应该试图成为超人，因为“超人”才是问题所在。

在写这本书的过程中，我询问过几位母亲对休完产假后重返职场的感想，以下是她们的回答：

我回归工作的时候，罗莎已经两个半月大了，因为她睡得很好，很平静，我有点“无聊”到疯狂了。然而，没有和她在一起是很可怕的。回去工作和待在家里各有积极和消极的一面。

在我休产假期间，我一直定期工作，很幸运的是，我回到了一个非常支持我的团队，所以第一天并不太痛苦！然而，尽管提前几周给人事部门发了邮件，告诉他们我需要在公司挤奶，但公司仍然没有提供任何安全、私密的场所，我只能在会议室里做这件事！后来，我被安排在一个安静的房间里挤奶。几个星期后，我挤奶的时候被一位愤怒的绅士中途打断！我想这并不是宣传母乳喂养的最佳广告……尽管回去两周后换了工作岗位，但这个过渡是相当平稳的。产假期间定期工作确实有帮助。

内疚是可怕的，它真的会让人心碎不已，尽管我完全信任的父母在帮我看护着孩子，我还是会因为自己回去工作而感到内疚。走回城里的办公室让人非常伤脑筋，但一天的时间真的过得太快了，午餐休息都是一种奢侈。不过我很幸运——我的宝宝在家玩得很开心，而且我一周只工作两天。我无法想象自己还能再多做些什么，幸运的是现在这样就足够了。

产后抑郁症

大约15%的母亲会患上产后抑郁症。产后抑郁非常普遍，绝对不需要因为它而感到尴尬或羞愧。有时候抑郁有明显的原因，比如难以怀孕或分娩创伤，有时候它没有任何明显的原因。有时，母亲们害怕寻求帮助，因为她们害怕承认自己无法应对，担心别人会把她们看成失败者，或者更糟糕的是，担心别人认为她们无法照顾自己的孩子。

任何人都可能患产后抑郁症。这不是你的错，不取决于你的年龄、收入、教育程度、国籍，也不取决于你生了一个孩子还是五个孩子。产后抑郁症通常在孩子出生后的两个月内开始，但也可能在之后的几个月才出现，甚至也可以在怀孕期间开始，在分娩后继续。产后抑郁症也会对男性产生影响。

产后抑郁症的症状

- 感到沮丧、伤心、流泪
- 感觉疲惫
- 无法入睡
- 很急躁
- 感觉冷漠，几乎对任何事物都失去兴趣
- 不喜欢和宝宝在一起的感觉
- 缺乏性欲
- 食欲不振或暴饮暴食
- 感觉特别内疚
- 缺乏信心
- 感到无法应付
- 焦虑——尤其是对宝宝的健康和幸福
- 恐慌
- 逃避社交，想要一直待在家里
- 感到绝望

如果你觉得这些描述贴近或符合你的感受，请尽快寻求帮助。当我第二次怀孕的时候，我没有这样做，而是在健康顾问让我完成的测试上说了谎。我知道哪些答案是“好”，哪些是“坏”，所以我选择了“正确”的答案。我对每个人都撒了谎，因为我羞于承认自己无法应付，我不知道为什么。直到今天，这仍然是我作为母亲最大的遗憾之一——我对小儿子出生的第一年几乎没有什么印象，而且我失去了朋友，疏远了许多关心我的人。

如果我积极寻求我需要的帮助，那些都不会发生。

我经常认为如今产后抑郁症如此普遍，是因为新手妈妈相对缺少支持，加上女性都或多或少有想要做完美妈妈的心理负担，以及越来越多的专家出版育儿手册教女性养育孩子。坦白说，我很惊讶患产后抑郁症的人数竟然只有15%。对于很多人来说，康复的第一步是接受自己的不完美，第二步是寻求帮助——可以向信任的朋友或家人吐露心声，也可以拜访全科医生或健康顾问。如果你的产后抑郁症状比较轻微，通常只需要朋友和家人为你建立起一个支持网络，或者从产后助产士那里获得帮助就足够了。但是如果你的产后抑郁症状比较严重，你当然需要更多的帮助，所以尽量向医生求助。不管怎样，你都不应该感到尴尬，你要知道，你是在为你的孩子和家庭尽最大的努力寻求帮助，你是为了做一个好妈妈。记住，你自己也很重要。

什么是产后助产士？

“助产士”一词来自希腊语，指的是“一个服务的女人”。助产士通常是一位经验丰富的母亲，她通常接受过一些初级培训，以及一段时间的实践指导。助产士的作用是给新手妈妈提供支持。她永远不会一味地告诉母亲该做什么，而是充当倾听者或参谋的角色，帮助新手妈妈探索自己的新角色，并提供信息帮助新手妈妈充满信心地照顾孩子。除此之外，产后助产士会经常为新手妈妈做饭和打扫卫生，让她能享受坐月子的时光，并和宝宝建立亲密关系。当新手妈妈长时间泡在浴缸里、遛狗或者招待兄弟姐妹时，助产士会帮忙照看孩子，做一个好助手。

缺少母亲支持的新手妈妈

越来越多的新手妈妈在没有自己母亲的帮助和支持下分娩，也许是因为自己的母亲住在很远的地方，也许是因为已经失去了母亲，或者因为她们与自己母亲的关系破裂了。

对许多女性来说，成为母亲常常会让她们对自己的母性和接受的教养方式提出疑问。对一些人来说，这可能会让她们与自己的母亲产生摩擦，并对她们自己的童年产生怀疑。对一些母亲来说，看着自己的女儿成为一个母亲也会是一段艰难的经历，尤其是如果女儿的育儿方式与自己成长过程中所接受的方式不同，就会让这个母亲重新审视自己为人父母的方式。

我的母亲在我 21 岁时死于乳腺癌，当时她只有 52 岁。五年后，我生下了我的第一个孩子，成了一个“没有母亲的母亲”。因此，我作为一个母亲的旅程是苦乐参半的。我喜欢从另一个角度看自己，喜欢看着我的孩子们成长，并不断为他们感到惊讶，我喜欢用他们的眼睛来看待这个世界，但我现在意识到我失去了很多。因为直到现在，我才意识到母亲对我的感情有多深，当她在家里抚养我的那些年里，她为我牺牲了多少自我。我希望我能再对她说声“谢谢”，希望我能问问她做母亲的感觉如何，希望她能见见我的孩子们，能和我的孩子们一起烤蛋糕、一起剪纸，就像她和我从前那样。我还希望她能从我女儿卧室里的书中读到我非常喜欢的睡前故事，希望能问她一些关于她怀孕、分娩和分娩之后的事情。在成为一名母亲的过程中，我才意识到，在我有了自己的孩子之前，我不曾为自己失去母亲而感到过度悲伤。

虽然我常说，自从有了孩子，我现在感觉很完整，但在很多方面，我觉得自己根本不完整。我现在是一个母亲、一个妻子、一个朋友，但我不再是任何人的孩子了（我父亲在我母亲离开三年后去世了），在我成为母亲的两年后，我才意识到这种生命传承的重要性以及代代相传的育儿智慧的重要性。

霍普·埃德尔曼（Hope Edelman）在她的书《母爱的失落》（*Motherless Mothers, How Mother Loss Shapes the Parents We Become*）中谈到了她在没有母亲的情况下成为母亲的经历，特别是她认为没有母亲的母亲经常面临与众不同的焦虑。在她的书中，她引用了精神治疗师艾琳·鲁博－凯勒（Irene Rubaum-Keller）的话：“没有母亲的女性生下孩子需要很大的勇气……因为这是一种表达‘我们要活下去’的方式。”我认为，所有的母亲都担心未来，担心如果孩子不在身边会发生什么，这是非常正常的，也是非常普遍的。对于没有母亲的母亲们，由于她们失去了自己的母亲，这种焦虑就会加剧，因此，对许多人来说，在做妈妈的过程中，她们会格外焦虑地冒出这样的想法：如果我也英年早逝怎么办？

我还意识到，许多母亲也可能在某种程度上觉得自己没有母亲，尽管她们的母亲还健在。与这些女性相比，其实我是幸运的，因为在我的母亲还在世时，我们的关系很近，能一起分享很多事情。我认识许多人，他们的母亲依然健在，却从未建立亲密的关系，有些人甚至与自己的母亲极少联系。许多人发现自己成为母亲时，她们的母亲住得非常遥远，有时甚至在另一个国度，这也会造成一些困难。

养育一个孩子需要一座村庄

社会在慢慢失去母性角色的价值，我们失去了祖母、曾祖母以及那些走在我们前面的女性的价值，我们失去了女性智慧和家庭在抚养孩子方面的价值。作为女性，我们也许会胆怯，也许会害怕成为温柔的母亲。我们迷路了，但是无论我们年龄多大，无论我们是谁，我们都需要母性的影响。

几年前，我读了安妮塔·戴曼特（Anita Diamant）的《红帐篷》（*The Red Tent*），它讲述了一个发生在旧时代的奇妙的故事，描述了一群女人的生活细节。一个如此原始、阳刚的社会，却被一种深沉的女性和母性悄悄掌控着。我在想生活在这样一个充满姐妹情谊、理解和接纳的世界里，做父母是多么令人惊奇的事情。我们如何回归这种境界？我们怎么能再一次把母爱放在社会的第一层呢？如果我们能得到我们的母亲、祖母、姐妹、表兄弟姐妹和朋友的支持，我们的育儿旅程将会产生什么不同呢？我想引用一句著名的非洲谚语："养育一个孩子需要一座村庄。"我认为缺乏"村庄"的支持是母亲养育子女如此艰难的原因之一。在某些方面，我们在婴儿温和养育™课程中制定了这样的目标——和我们的老师、班级以及团体一起，"复制"这些"村庄"对母亲的支持。

"足够好"的母亲

出生于19世纪的英国儿科医生、儿童精神病学家和精神分析学家唐纳德·温尼科特创造了"足够好的母亲"这个词，但这个概念今天仍值得讨论。怎样做一个完美的母亲？是什么造成了一个糟糕的母亲？怎样才能成为一个"足够好"的母亲？当我们已经"足够好"的时候，为什么我们还要给自己施加压力去追求完美呢？

温尼科特将"足够好"的母亲描述为：

> 母亲既不是好的，也不是坏的，她不是幻觉的产物，而是一个独立的个体。足够好的母亲在刚成为母亲时，几乎完全适应了婴儿的需要；随着时间的推移，她逐渐适应的能力越来越弱，随着婴儿不断成长，她越来越难应对了，她不能应对孩子想要适应世界的每一个需求。

因此，温尼科特认为“足够好”的母亲实际上比完美的母亲更好，他认为完美的母亲甚至可能是有害的。一个“足够好”的母亲会怎么做？首先，她允许她的孩子尽可能多地依赖她，所以她提供了一个安全的“基地”，一个温尼科特所称的“等待环境”，在那里孩子可以自主地探索世界。当一个婴儿还小的时候，“足够好”的母亲总是抱着她的孩子，让孩子感到安全。随着婴儿的成长，他可以开始离开母亲独立行动了，“足够好”的母亲在这时就会给孩子适当的自由，不多也不少。通过尝试不完美，通过犯错和挑战，母亲养育出一个情绪更健康的孩子。你也是一个“足够好”的母亲，我希望你现在相信这一点。

科琳娜的故事

我的父母和姐姐（和她的两个孩子）住在新西兰，我丈夫的父母住在离我们约 300 千米远的地方。

我的母亲是在新西兰出差时和我父亲相遇的，当时她正在英国定居。当我们出生后，她会每个月给我和妹妹照相，把相片寄给她远在英国的母亲，但是，外祖母等到母亲看完照片之后才能看到这些照片，这通常都是在一年以后了。她们每周互通一封信。相比之下，我们现在在生下孩子的一个小时内就给父母打了电话，想什么时候发照片就什么时候发，每周都能通过视频聊天。视频对话让我的儿子对他的奶奶产生了一种强烈的依恋，这很棒，尤其是当我们亲自去拜访的时候，他们也很亲密。

作为初为人父母的人，视频聊天为我们提供了一项很棒的服务——来自家人和朋友的拜访因为有了视频电话就可以推迟一些，这让我们可以静心地了解孩子，让我可以去探索母乳喂养的窍门等。当我们欢迎客人来我们家的时候，我已经能很自信地喂奶了，我的丈夫很快就注意到了我们宝宝早期饥饿的迹象（用鼻子闻）。在孩子4~8周龄时，我的父母来看我们。我的母亲是20世纪60年代大奥尔蒙德街医院的儿科护士和助产士，她发现我的喂养方式与她倡导的喂养建议有很大的不同，她的方式竟是每隔4小时喂一次！

我感到很幸运，因为我在网上找到了一个信息丰富、能提供很多支持的新手妈妈群，我从她们那里收集了很多关于养育的信息，尤其是关于每个婴儿是如何不同的信息。我读过许多母亲的痛苦经历，也知道了那些比我勇敢的人提出的“愚蠢”问题的答案。这给了我信心，我可以为我的孩子做一些事情，但如果这些都不起作用，那么我还可以尝试其他的办法：在网上向值得信赖的人寻求建议；在一些值得信赖的网站上面搜索基于证据的信息，我可以从中做出明智的选择（我是一名科学家，所以这些网站真的很有吸引力）。我很幸运，有这样一群母亲，她们拥有丰富的经验，可以为我的选择提供信息。尽管如此，我仍然担心如果我有一个高需求的孩子，比如他经常哭，我将无法应对。所以我在生第一个孩子时，购买了几个婴儿背巾。

我的育儿选择与我的直系亲属有很大不同。几个月以来我都没有意识到这一点，所以远离大家庭也是有好处的！我的妹妹比我少获得很多科学依据，她坚定地站在早期睡眠训练营中，所以我们完全相反；我妈妈对婴儿主导的断奶方式的优势表示很怀疑，当我在视频聊天中描述婴儿主导的断奶原理时，她惊恐的表情我至今还记得（但是我妈妈在孩子9~10个月大时看到了婴儿主导断奶的效果时，她改变了态度）；不过，我的婆婆很清楚以婴儿为主导的断奶的好处，以及每个母亲都有权利做出自己的选择。

远离家庭的母亲不得不经历一些长途探亲旅行和长期停留（通常

3～5周）。这是一段非常紧张的时期，我有时会突然接收到各种反对意见的狂轰滥炸。我盼望着母亲能少提些要求，给我一些喘息的机会，但我每次回母亲家都感到更加疲惫。不过长途航班总是比我想象的要好得多，母乳喂养和婴儿背巾简直是我的救星。

伊莫金的故事

当我被鼓励分享我的故事时，我不知道如何开始。因为我不觉得这是故事，这只是我生活的一部分。

我的母亲与癌症抗争一年后，在我16岁的时候去世了。我的生活发生了巨大的变化，永远不再是以前的那个样子。我和孩子独自生活，所以我不仅要学习如何在没有母亲情况下在新的环境中工作，还要学习如何承担起作为一个成年人独立生活的责任，包括打扫卫生、做饭、付账单等。你可以想象，这是一个巨大的调整期，我的生活混乱了一阵。

三年的时间很快就过去了，我的生活恢复了常态，我又怀了一个孩子。虽然是有准备的怀孕，但我还是很害怕。很多人问我：“没有亲生母亲在身边帮忙，想养一个孩子是不是很难？”说实话，我不想理睬。有些人向我表示同情，并告诉我“如果没有她们的妈妈，她们永远都无法应付。”我耸耸肩，只是想：好吧，我没什么可比的，这是我的现实，是我必须面对的。

当时，我意识到没有母亲在身边是导致产后抑郁症的危险因素，除了我拥有的其他几个危险因素外，我知道我得产后抑郁症的可能性很大。令我沮丧的是，我确实没能逃过，我儿子出生第一年就饱受疾病的折磨。当我回顾他的婴儿期时，仍会觉得浑身发冷，甚至想哭。

两年后，我在第二次流产后怀上了第二个孩子。这次我也没有躲开可怕的产后抑郁症，但是谢天谢地，它并没有像第一次那样影响我与宝宝的亲密关系。它需要很长的时间来诊断，就像一个恶作剧，只有当它把我彻底压倒时，我才注意到。

幸运的是，药物治疗在我产后抑郁症的两次发作中都有极大作用。我从未公开告诉过任何人，但是，在抚养孩子时没有自己的母亲在身边，确实是非常非常困难的。这件事经常让我有不公平的感觉。我感觉自己好像被剥夺了母女之间的情感联结，而别人都会在有了自己的孩子之后，就有了这种体验。我看着我的朋友们和他们的母亲的关系随着他们成为母亲而变得更加牢固，我很伤心，因为我从来没机会和妈妈在一起。

我感到生气，我的同龄人认为理所当然的小事情是我永远无法实现的，我为我的孩子感到难过，因为他们永远不会知道他们有一个多么了不起的祖母了。当然，他们会通过我的介绍知道她，但他们不会像我这样幸运地拥有关于她的“一手资料”。当我听到母亲们抱怨她们的父母干涉她们抚养孩子的方式时，我的心里交织着复杂的同情和困惑。我想，或许那种情况很难应对，但至少她们还有妈妈在。

我发现自己经常想到另一件事——如果不是在这么关键的年龄失去妈妈，我的生活将会变得多么的不同。她离开以后，我别无选择，只好辍学。我需要学习如何维持一个家，我需要挣钱。失去妈妈后，我的家庭和孩子绝对是我活着的一线希望。毕竟，如果不是那样的话，我也不会遇到我的丈夫——但在我情绪最低落的时候，当我被责任压得喘不过气来，对那些把责任压在我肩上的小人物充满怨恨时，在我为无法拥有美好的生活感到悲伤时。我为我失去的一切和我无法享受的自由而悲伤，而不是绝望地寻找某种方法来填补失去妈妈留下的遗憾。减肥和聚会都很难填补这个遗憾，我自己的孩子也不能（虽然他们有时带给我欢乐）。

失去母亲之后，做母亲最让人沮丧的事情之一，就是把所有其他事情联系在一起时，内心产生一种不公平的幼稚的感觉。我也算是一个幸运的人——我没有妈妈，但我有一个支持我的父亲，一个很好的婆家，一个理想的丈夫和一群很棒的朋友。虽然很多人都没有这些，但我仍然希望我的妈妈还在这里，希望她不仅仅能支持我度过困难时期，而且能与我分享美好的时光。当你在还很需要母亲的时候失去了她，你会很容易发现自己正在退化为那个内心阴郁的青少年，即使有很多事情值得感激，你也会觉得寸步难行。

沙恩的故事

在儿子大卫出生第一年的大部分时间里，我发现和他相处非常困难，主要是因为睡眠不足。严格来说，大卫是个“好”孩子；他大部分时间都是在夜里睡3~4个小时，并且随着年龄的增长，他的睡眠时间会变长，但我仍然发现我们的睡眠模式混乱得难以应付，在很长一段时间里，我都觉得它完全毁掉了我的生活。在他出生9个月后，我感觉自己好像被卡住了。我发现，作为母亲，我有很多矛盾的情绪，但我发现很难谈论其中的任何一个，也许我不喜欢关于做母亲的一切，因为害怕有任何一点点迹象表明我不能很好地为人母。在很长一段时间里，“应对”这个概念对我来说非常重要。我很害怕人们会认为我和我的孩子没有建立足够亲密的关系。

我认为这一切基本上可以归咎于这样一个事实——养育婴儿很难。这比我想象的要难得多，没有什么能真正让你做好准备去面对这种困难的生活。人们告诉我“万事开头难”，但这就像有人在你吃咖喱之前告诉你它是辣的，可只有当你吃了一口之后，才知道它到底有多辣。养育孩子过程中有很多预料之外的事，但是如果你说你不喜欢，就会被认为是对母亲身份的冒犯。

正如硬币都有两面，养育孩子一面是辛劳，另一面是美好。有个小家伙在地板上扭来扭去，在嘴里塞了一个不明物品，他一直在探索，然后他看到你来了，很高兴地举起他的小手，你立刻就把他抱起来，充满了爱意。我并不觉得做母亲很无聊，至少不是一直都无聊。

我喜欢他用嘴巴去感知物品，喜欢他做鬼脸，喜欢他把汤匙里的食物涂在自己身上，喜欢他用四颗牙齿把黄瓜啃成一块一块，也喜欢他用八颗牙齿把苹果咬得坑坑洼洼。但有些日子他沉迷玩积木，因为玩法过于幼稚我有些招架不住。我花了很长一段时间不断地暗示自己，才开始对这一切感到适应。我很害怕我的家人和朋友会认为我不爱大卫，认为我是个坏妈妈。虽然别人怎么想并不重要，但说实话，我们大多数人还是会在意的。

最后，我终于挣脱了桎梏，别人对我的看法现在已经不那么重要了。有两件事对我很有帮助，我在大卫8个月大的时候就开始做了。我的父母一直在问我们是否需要什么东西，所以我就请他们给我们买了一个婴儿背巾。婴儿背巾让我有了每周至少一次在乡间远足的机会。如果我们在家里，大卫就像任何其他婴儿一样忙碌，热衷于探索每一件事情。然而当他在背巾里时，他很少哭，常常是安安静静的，或者睡觉。这让我得到了安静的空间，去思考我想要什么，或者干脆什么也不去想。有时我和朋友一起散步，有时我只想安静地思考。我曾听人说，和孩子待在家里是一种“没有独处的好处的独处”。散步给了我思考的空间，因为他在背巾里时，他要么被周围的事物吸引，要么在背巾里睡着。虽然我不能保证在我喝茶的时候孩子不会不时喊我，但我几乎可以肯定的是，在我散步的时候，可以完全不受到他的“干扰”。

我做的另一件对自己有帮助的事是开始写博客，记录我的每一次散步。我的很多朋友说他们想去散步，但是只是在同一个地方来来回回，所以我开始写下我去的地方，以及我散步的时候所想的事情。后来我鼓起勇气把每次更新的博客链接都发布在脸书上，这样我的朋友们就可以了解我正在做的事情了。我得到的回应非常鼓舞人心，在互联网普及的范围内，人们可以在脸书或博客上留下评论：“是的，是的，我也有这种感觉。”这让我确定自己很正常。让我们面对现实吧——当你连续几个月在零点、凌晨3点和6点被叫醒时，你的理智会变得很脆弱。

从那以后，我也有了信心去参加一个“背巾聚会”，在那里我可以认识其他妈妈，了解她们用和我一样的方式来抚养孩子。我以前不认识用背巾带孩子的人，也不认识让婴儿主导断奶的人，所以当我发现其他人也在做着和我一样的事情时，我觉得很安心。最后，我终于找到了自己作为母亲的身份，并且可以把自己看作是一个人，同时也是一个母亲。

亚历山大的故事

我们的第一个孩子出生在我丈夫的故乡——新西兰。当我搬到那里的时候，除了我的丈夫，我一个人都不认识，他的家人住在离我们有几个小时车程的地方。在我们第一个孩子出生后，我妈妈就来住了三个星期，这非常棒，因为她和我关系非常密切，她来帮忙做饭、打扫卫生、洗衣服，让我很放松，而且有充分的时间来建立母乳喂养和了解我的孩子。

我也发现她在这段时间里给我的情感支持是如此宝贵，因为我根本没有照顾婴儿的经验，在这个过程中时常迷失。作为母亲，我毫无准备。但事后看来，如果我丈夫回去上班后她仍能留下来也许会更好，我就不会因为突然一个人在家而有点不知所措。

幸运的是，我在产前班和几个女士成了朋友。我们经常见面，每周喝两次咖啡。我和她们关系密切，当我丈夫不得不去参加长时间的课程或待在部队时（他在军队里），她们会邀请我和孩子去她们家里吃饭，甚至过夜。我儿子出生后不久，我就开始参加“拉雷切联盟”的每周例会。我在那里遇到的女士们成了我遇到过的最好的、最支持我的朋友们。让我惊讶的是，在与其他母亲认识后不久，她们就邀请我去喝茶，互相拜访，还提出要来帮忙照看孩子，这样我就能补觉了！在我一个人拉扯孩子这么久以来，开始有朋友来探望我，这真的让事情变得容易很多。

我想，作为一个新手妈妈，我能保持顺心的秘诀就是有这么多善良的、支持我的朋友。我想如果有人给你支持、提供帮助或友谊，即使你们相识的时间不长，也值得好好珍惜，正所谓患难见真情。她们真的想要支持我，这让我再次感到自己的价值，而且她们真的不在乎我的房子里是不是一团糟。还有另外一件让我在这几个星期里保持清醒的事情，就是我妈妈每天晚上下班后都会给我打国际长途电话，通常正巧是我吃早餐的时间。我们会谈论任何事情，我真的很期待她的电话。

当我的第二个孩子出生时，我们住在英国。我们的儿子只有 4 周大的时候，我的丈夫被调职了，他要搬离军队。于是，我们搬到了一个从没去过的小镇，不认识那里的任何人。带着一个小婴儿和一个学龄前的孩子生活在一个新的城镇，我觉得生活极其困难。在我们搬家后不久，我的丈夫就被公派外出四个月，这让我很难走出家门。不过，我发现使用脸书与朋友保持联系很有帮助，特别是和新西兰那些了不起的女士们。当人们通过社交网络向你展示他们的关爱和支持时，你能感受到亲密的联系和活力是如此有魔力。有时，我讨厌自己过度依赖社交网络，但如果不这样，我确实会感到孤独。尽管我被孩子们压得喘不过气来，我也愿意付出一切让别人坐下来和我聊聊天，而且我认为社交网络确实能帮我实现。

我丈夫不在家的时候，对我来说一天中最困难的时间是下午5点左右。白天，我和孩子们能在家里平静度过，但是每当我开始做晚饭时，我就会想丈夫怎么还不回来，因为我意识到我必须独自做晚饭，独自给孩子们洗澡、哄孩子们睡觉，没有哪件事是容易的。同样地，周末总是很辛苦。即使你身边有很多朋友，但是在周末每个人都会忙自己的家务事，当你一个人和孩子们待上几个星期或几个月的时候，你就会发现日常生活中“土拨鼠日”（美国宾夕法尼亚州一个小镇的民间传统节日）的感觉在周末也不会消失。

婴儿温和养育TM课程中的“母性革命”

很多人认为我非常爱孩子，毕竟我写下了这本书。写作期间，我亲历了许多宝宝的出生，我确实和足够多的新生儿一起“工作”，包括我自己的四个孩子。但是，当我承认实际上我对孩子没那么狂热，我也不会抢着去抱一个新生儿时，他们通常会感到惊讶。

不管孩子的脸颊有多胖嘟嘟或多可爱地咕咕乱叫，我都可以自由地选择带上或离开他。我真正喜欢的是妈妈们，我喜欢感受一个女性从无忧无虑、没有孩子过渡到怀孕期间以多种方式成长的蜕变。我喜欢整个分娩过程，尤其喜欢所有女性在分娩过程中积聚能量，以及她们常常看起来像某种神奇的生物，那么强大又那么脆弱。

最重要的是，我喜欢观察女性在孩子出生时的变化。她们会表现出一种前所未有的柔软，她们的个性会发展出一个新的维度，这个维度很吸引人。最后，她们会建立信心，这是在女性身上所能看到的最神奇的变化。

我永远不会厌倦和一个神经紧张的新手妈妈见面，她不知道自己的能力，不相信自己的直觉，也不相信各种相互矛盾的建议。但是，慢慢地、渐渐地，常常是在她没有意识到的情况下，她每天都变得更加自信。她慢慢地绽放，像玫瑰花瓣一样舒展开。当她学会信任自己和孩子时，你几乎可以看到她周围环绕着自信的光芒。

这就是我喜欢的。我很乐意见证新手妈妈们的转变——从害羞和不自信的状态到对自己很满意，知道自己是孩子最好的专家。无论是在生活中还是在这本书的介绍中，我都很荣幸地被允许在这个过程中扮演一个角色。我不想成为一个育儿专家，很大程度上因为我不是，还因为母亲原本就是专家——就像你也是专家一样，我希望你能意识到这一点。

这是我们在育儿课程中谈论“母性革命”的初衷。我们希望帮助全世界所有的母亲经历自我意识觉醒的过程，相信自己有母性本能，相信自己最了解自己的孩子。不断地给一个新手妈妈提建议是会让她失去养育本能的，所以我们的目标是支持妈妈们在她们的旅程中找到自己的路。事实上，我经常称自己为“导游”而不是老师或专家。

只有当一个母亲找到了自己的路，她内心的力量、自信和母性才能真正闪耀。也要记住，作为一个母亲，你只需要“足够好”，没有一个母亲是完美的，每个人都会犯错！你已经足够好了。事实上，你的宝宝也已经知道你足够好了。你最后的旅程是学会相信你自己！

参考文献

[1] J.E. Swain, J.P. Lorberbaum, S. Kose and L. Strathearn, 'Brain basis of early parent – infant interactions: psychology, physiology, and in vivo functional neuroimaging studies', *Journal Child Psychology Psychiatry* (April 2007); 48(3–4):262–87.

[2] G. Love, N. Torrey, I. McNamara, M. Morgan, M. Banks, N.W. Hester, E.R. Glasper, A.C. Devries, C.H. Kinsley and K.G. Lambert, 'Maternal experience produces long-lasting behavioural modifications in the rat', *Behav Neurosci* (August 2005); 119(4):1084–96.

[3] V.K. Iur'ev, 'Maternal instinct and the formation of family-oriented attitude in girls – future mothers', Sov Zdravoookhr (1991); (1):17–19.

[4] S.P. Chauhan, P.M. Lutton, K.J. Bailey, J.P. Guerrieri and J.C. Morrison, 'Intrapartum clinical, sonographic, and parous patients' estimates of newborn birth weight', *Obstet Gynecol* (June 1992); 79(6):956–8.

[5] Perry DF, DiPietro J, Costigan K. Are women carrying'basketballs'really having boys? Testing pregnancy folklore. *Birth*. 1999;26:172-177.

[6] D. Chamberlain, 'Babies are conscious', www.eheart.com.

[7] D. Narvaez, 'The emotional foundations of high moral intelligence', *New Dir Child Adolesc Dev* (Fall 2010); (129):77–94.

[8] J. McKenna, 'Babies need their mothers beside them', *World Health* (March–April 1996).

[9] J. Golding, M. Pembrey and R. Jones, 'ALSPAC – the Avon Longitudinal Study of Parents and Children', *Paediatr Perinat Epidemiol* (January 2001); 15(1):74–87.

[10] Abdulrazzaq, Al Kendi and Nagelkerke, 'Soothing methods used to calm a baby in an Arab country', *Acta Paediatr* (February 2009); 98(2):392–6.

[11] Mitchell, Blair and L'Hoir, 'Dummies. Should pacifiers be recommended to prevent sudden infant death syndrome?', *Pediatrics* (May 2006); 117(5):1755–8.

[12] R.Y. Moon, K.O. Tanabe, D.C. Yang, H.A. Young and F.R. Hauck,'Pacifier use and SIDS: evidence for a consistently reduced risk', *Matern Child Health J* (20 April 2011).

[13] Alcantra, 'The chiropractic care of infants with colic', *International Chiropractic Pediatric Association* (June 2011).

[14] M. Niemelä, O. Pihakari, T. Pokka and M. Uhari, 'Pacifier as a risk factor for acute otitis media: a randomized, controlled trial of parental counseling', *Pediatrics* (September 2000); 106(3):483–8.

[15] M.M. Rovers, M.E. Numans, E. Langenbach, D.E. Grobbee, T.J. Verheij and A.G. Schilder, 'Is pacifier use a risk factor for acute otitis media? A dynamic cohort study', *Fam Pract* (August 2008); 25(4):233–6. Epub 17 June 2008.

[16] B. Ogaard, E. Larsson and R. Lindsten, 'The effect of sucking habits, cohort, sex, intercanine arch widths, and breast or bottle feeding on posterior crossbit in Norwegian and Swedish 3-year-old children', *Am J Orthod Dentofacial Orthop* (August 1994); 106(2):161–6.

[17] A.T. Gerd, S. Bergman, J. Dahlgren, J. Roswall and B. Alm, 'Factors associated with discontinuation of breastfeeding before 1 month of age', *Acta Paediatr* (January 2012); 101(1):55–60. doi: 10.1111/j.1651- 2227.2011.02405.x. Epub 22 July 2011.

[18] S.H. Jaafar, S. Jahanfar, M. Angolkar and J.J. Ho, 'Pacifier use versus no pacifier use in breastfeeding term infants for increasing duration of breastfeeding', Cochrane *Database Syst Rev* (16 March 2011); (3):CD007202.

[19] J.A. Spencer, D.J. Moran, A. Lee and D. Talbert, 'White noise and sleep induction', *Arch Dis Child* (January 1990); 65(1):135–7.

[20] K. Coleman-Phox, R. Odouli and D.K. Li, 'Use of a fan during sleep and the risk of sudden infant death syndrome', *Arch Pediatr Adolesc Med* (October 2008); 162(10):963–8.

[21] U.A. Hunziker and R.G. Barr, 'Increased carrying reduces infant crying: a randomized controlled trial', *Pediatrics* (May 1986); 77(5):641–8.

[22] E. Anisfeld, V. Casper, M. Nozyce and N. Cunningham, 'Does infant carrying promote attachment? An experimental study of the effects of increased physical contact on the development of attachment', *Child Development* (October 1990); 61(5):1617–27.

[23] A.A. Kane, L.E. Mitchell, K.P. Craven and J.L. Marsh, 'Observations on a recent increase of plagiocephaly without synostosis', *Pediatrics* (1996); 97:877–85.

[24] J. Persing et al., 'Prevention and management of positional skull deformities in infants', American Academy of Pediatrics Committee on Practice and Ambulatory Medicine, Section on Plastic Surgery and Section on Neurological Surgery, *Pediatrics* (July 2003); 112 (1): 199–202.

[25] J.S. Lonstein, 'Regulation of anxiety during the postpartum period', *Frontiers in Neuroendocrinology* (September 2007); 28:2–3.

[26] K.L. Armstrong, R.A. Quinn and M.R. Dadds, 'The sleep patterns of normal children', *Med J Australia* (194); 1:161(3):202–6.

[27] H.L. Ball, 'Breastfeeding, bed-sharing, and infant sleep', *Birth* (2003); 30(3):181–8.

[28] A. Scher, 'A longitudinal study of night waking in the first year', *Child Care Health*

Dev (September–October 1991); 17(5):295–302.

[29] J.Golding, M. Pembrey and R. Jones, 'ALSPAC – the Avon Longitudinal Study of Parents and Children', *Paediatr Perinat Epidemiol* (January 2001); 15(1):74–87.

[30] K.L. Armstrong, R.A. Quinn and M.R. Dadds, 'The sleep patterns of normal children', *Med J Australia* (1994); 1:161(3):202–6.

[31] J. Golding, M. Pembrey and R. Jones, 'ALSPAC – the Avon Longitudinal Study of Parents and Children', *Paediatr Perinat Epidemiol* (January 2001); 15(1):74–87.

[32] D. Blunt Bugental et al., 'The hormonal costs of subtle forms of infant maltreatment', *Hormones and Behaviour* (January 2003); 237–44.

[33] J.D. Bremmer et al., 'The effects of stress on memory and the hippocampus throughout the life cycle: implications for childhood development and aging', *Developmental Psychology* (1998); 10:871–85

[34] G. Dawson et al., 'The role of early experience in shaping behavioural and brain development and its implications for social policy', *Development and Psychopathology* (2000); 12(4):695–712.

[35] J.P. Henry and S. Wang, 'Effects of early stress on adult affiliative behaviour', *Psychoneuroendocrinology* (1998); 23(8): 863–75.

[36] T. Doan, A. Gardiner, C.L. Gay et al., 'Breast-feeding increases sleep duration of new parents', *J Perinat Neonatal Nurs* (2007);21(3):200–6.

[37] D. Blunt Bugental et al., 'The hormonal costs of subtle forms of infant maltreatment', *Hormones and Behaviour* (January 2003); 237–44.

[38] J.D. Bremmer et al., 'The effects of stress on memory and the hippocampus throughout the life cycle: implications for childhood development and aging', *Developmental Psychology* (1998); 10:871–85.

[39] G. Dawson et al., 'The role of early experience in shaping behavioural and brain development and its implications for social policy', *Development and Psychopathology* (2000); 12(4):695–712.

[40] J.P. Henry and S. Wang, 'Effects of early stress on adult affiliative behaviour', *Psychoneuroendocrinology* (1998); 23(8): 863–75.

[41] K.D. Ramos and D.M. Youngclarke, 'Parenting advice books about child sleep: cosleeping and crying it out', *Sleep* (December 2006); 29(12):1616–23.

[42] W. Middlemiss, D.A. Granger, W.A. Goldberg and L. Nathans, 'Ashynchrony of mother–infant–hypothalamic–pituitary–adrenal axis activity following extinction of infant crying responses induced during the transition to sleep', *Early Hum Dev* (22 September 2011).

[43] K.D. Ramos and D.M. Youngclarke, 'Parenting advice books about child sleep: cosleeping and crying it out', *Sleep* (December 2006); 29(12):1616–23.

[44] S.L. Blunden, K.R. Thompson and D. Dawson, 'Behavioural sleep treatments and

night time crying in infants: challenging the status quo', *Sleep Med Rev* (October 2011); 15(5):327–3.

[45] W. Middlemiss, D.A. Granger, W.A. Goldberg and L. Nathans, 'Ashynchrony of mother–infant–hypothalamic–pituitary–adrenal axis activity following extinction of infant crying responses induced during the transition to sleep', *Early Hum Dev* (22 September 2011).

[46] J.P. Olives, 'When should we introduce gluten into the feeding of the new-born babies?', *Arch Pediatr* (December 2010);17 Suppl 5:S199–203.

[47] O. Hernell, A. Ivarsson and L.A. Persson, 'Coeliac disease: effect of early feeding on the incidence of the disease', *Early Hum Dev* (November 2001); 65 Suppl:S153–60.

[48] S. Halken, 'Prevention of allergic disease in childhood: clinical and epidemiological aspects of primary and secondary allergy prevention', *Pediatr Allery Immunol* (June 2004); 15 Suppl 16:4–5,9–32.

[49] H.Y. Dong and W. Wang, 'Clinical observations on curative effect of TCM massage on dyssomnia of infants', *J Tradit Chin Med* (December 2010); 30(4):299–301.

[50] W.A. Hall, M. Clauson, E.M. Carty, P.A. Janssen and R.A. Saunders, 'Effects on parents of an intervention to resolve infant behavioural sleep problems', Pediatr Nurs (May–June 2006); 32(3):243–9.

[51] A. Kulkarni, J.S. Kaushik, P. Gupta, H. Sharma and R.K. Agrawal, 'Massage and touch therapy in neonates: the current evidence', *Indian Pediatr* (September 2010); 47(9):771–6.

[52] Mechtild, Vennemann, H.-W. Hense, T. Bajanowski, Blair, C. Complojer, R.Y. Moon and U. Kiechl-Kohlendorfer, 'Bed sharing and the risk of sudden infant death syndrome: can we resolve the debate?', *J Pediatr* (January 2012); 160(1):44–48.e2. Epub 24 August 2011.

[53] H.L. Ball, E. Moya, L. Fairley, J. Westman, S. Oddie and J. Wright, 'Infant care practices related to sudden infant death syndrome in South Asian and white British families in the UK', *Paediatr Perinat Epidemiol* (January 2012); 26(1):3–12. doi: 10.1111/j.1365- 3016.2011.01217.x. Epub 18 August 2011.

[54] S. Mosko, C. Richard and J. McKenna, 'Infant arousals during mother–infant bed sharing:implications for infant sleep and sudden infant death syndrome research', *Pediatrics* (1997); 100:841–9.

[55] J. McKenna, 'Babies need their mothers beside them', *World Health* (March–April 1996).

[56] B.E. Morgan, A.R. Horn and N.J. Bergman, 'Should neonates sleep alone?', *Biol Psychiatry* (1 November 2011); 70(9):817–25. Epub 29 July 2011.

[57] J. McKenna, 'Babies need their mothers beside them', *World Health* (March–April 1996).

[58] S. Mosko, C. Richard and J. McKenna, 'Infant arousals during mother–infant bed sharing: implications for infant sleep and sudden infant death syndrome research', *Pediatrics* (1997); 100:841–9.

[59] B.E. Morgan, A.R. Horn and N.J. Bergman, 'Should neonates sleep alone?', *Biol Psychiatry* (1 November 2011); 70(9):817–25. Epub 29 July 2011.

[60] J.J. McKenna, 'Cultural inflfluences on infant and childhood sleep biology, and the science that studies it: toward a more inclusive paradigm'. In: J. Loughlin, J. Carroll and C. Marcus, editors, *Sleep and Breathing in Children: a developmental approach, Marcell Dakker* (2000), pp. 199–230.

[61] W. Middlemiss, D.A. Granger, W.A. Goldberg and L. Nathans, 'Ashynchrony of mother–infant–hypothalamic–pituitary–adrenal axis activity following extinction of infant crying responses induced during the transition to sleep', *Early Hum Dev* (22 September 2011).

[62] B.E. Morgan, A.R. Horn and N.J. Bergman, 'Should neonates sleep alone?', Biol *Psychiatry* (1 November 2011); 70(9):817–25. Epub 29 July 2011.

[63] W.S. Rholes, J.A. Simpson, J.L. Kohn, C.L. Wilson, A.M. Martin III, S. Tran and D.A. Kashy, 'Attachment orientations and depression: a longitudinal study of new parents', *J Pers Soc Psychol* (April 2011); 100(4):567–86.

[64] F. Pedrosa Gil and R. Rupprecht, 'Current aspects of attachment theory and development psychology as well as neurobiological aspects in psychiatric and psychosomatic disorders', *Nervenarzt* (November 2003); 74(11):965–71.

[65] D. Narvaez, 'The emotional foundations of high moral intelligence', New Dir Child *Adolesc Dev*, (Fall 2010); (129):77–94.

[66] N. Franc, M. Maury and D. Purper-Ouakil, 'ADHD and attachment processes: are they related?' *Encephale* (June 2009); 35(3):256–61. Epub 20 September 2008.

[67] R.L. Scott and J.V. Cordova, 'The inflfluence of adult attachment styles on the association between marital adjustment and depressive symptoms', *J Fam Psychol* (June 2002); 16(2):199–208.

[68] M. Rutter, 'Clinical implications of attachment concepts: retrospect and prospect', J *Child Psychol Psychiatry* (May 1995); 36(4):549–71.

[69] M.M. Oriña, W.A. Collins, J.A. Simpson, J.E. Salvatore, K.C. Haydon and J.S. Kim, 'Developmental and dyadic perspectives on commitment in adult romantic relationships', *Psychol Sci* (July 2011); 22(7):908–15. Epub 26 May 2011.

[70] D. Narvaez, 'Dangers of "Crying it out": damaging children and their relationships for the longterm', *Psychology Today* (December 2011).

[71] M.M. Oriña, W.A. Collins, J.A. Simpson, J.E. Salvatore, K.C. Haydon and J.S. Kim, 'Developmental and dyadic perspectives on commitment in adult romantic relationships', *Psychol Sci* (July 2011); 22(7):908–15. Epub 26 May 2011.

[72] L.M. Gartner, J. Morton, R.A. Lawrence, A.J. Naylor, D. O'Hare, R.J. Schanler and A.I. Eidelman, 'American Academy of Pediatrics Section on Breastfeeding. Breastfeeding and the use of human milk', *Pediatrics* (February 2005); 115(2):496–506.

[73] M.A. Wessel et al., 'Paroxismal fussing in infancy, sometimes called "colic"', *Pediatrics* (1954); 14:421–43.

[74] P. Rautava, H. Helenius and L. Lehtonen, 'Psychosocial predisposing factors for infantile colic', *BMJ* (1993); 307: 600–4.

[75] I. Jakobsson and T. Lindberg, 'Cows' milk proteins cause infantile colic in breastfed infants: a double blind crossover study', *Pediatrics* (1983); 71:268.

[76] K.D. Lust, J.E. Brown and W. Thomas, 'Maternal intake of cruciferous vegetables and other food, and colic symptoms in exclusively breast-fed infants', *J Am Diet Assoc* (1996); 96(1):46–8.

[77] D.J. Moore, D. Dreckow, T.A. Robb and G.P. Davidson, 'Breath H2 and behavioural response in breast and formula fed infants with colic to modifified lactose intake', J *Paediatr and Child Health* (1991); 27:128.

[78] M.M. Garrison and D.A. Christakis, 'A systematic review of treatments for infant colic', *Pediatrics* (July 2000); 106(1 Pt 2):184–90.

[79] J. Headley and K. Northstone, 'Medication administered to children from 0 to 7.5 years in the Avon Longitudinal Study of Parents and Children (ALSPAC)', *Eur J Clin Pharmacol* (February 2007); 63(2):189–95. Epub 3 January 2007.

[80] J. Critch, 'Infantile colic: is there a role for dietary interventions?', *Paediatr Child Health* (January 2011); 16(1):47–9.

[81] P.M. Sherman, E. Hassall, U. Fagundes-Neto, B.D. Gold, S. Kato, S. Koletzko, S. Orenstein, C. Rudolph, N. Vakil and Y. Vandenplas, 'A global, evidence-based consensus on the defifinition of gastroesophageal reflflux disease in the pediatric population', *Arch Pediatr* (November 2010); 17(11):1586–93. Epub 12 October 2010

致　谢

我要感谢多年来与我一起努力过的所有父母，在他们生命中非常特殊的时刻选择信任我，并与我分享很多关于育儿的事情，也让我更加了解自己。特别感谢在这本书中分享他们故事的父母：克莱尔－路易斯、凯丽、山姆、凯蒂、特雷西、夏洛特、罗茜、莉莎、露茜、凯特、科琳娜、伊莫金、希恩和亚历山大。

感谢那些一路走来教给我很多东西的人：詹姆斯·德米特博士，他是我在格林威治大学读书时的发展心理学讲师；伊斯拉·波尔，助产士、国际婴儿按摩师协会教师，她用心倾听并帮助我学会相信我的母性本能；玛丽·蒙根，催眠分娩研究所的创始人，她帮助我重塑对生育和自己身体的信心；米歇尔·奥登特博士，他对生育重要性有惊人的洞察，还向我介绍了助产士的角色；彼得·沃克，他在周末举办婴儿按摩和运动的指导活动，让我备受鼓舞。

特别感谢我的合作伙伴和宝宝温和养育™公司的副总监夏洛特·菲利普斯，感谢她把我从舒适圈拉出来，并帮助我将宝宝温和养育™公司的“母性革命”思想传播给更多人，包括我们的老师们，她们是一群积极、强大、善于鼓舞人心的母亲，我们有共同的目标——为世界各地的新父母提供更多支持。

最后，我要感谢我的家人：对我无比支持的丈夫伊恩，他在我的周末教学和漫长的写作之夜里，同时担负着爸爸和妈妈的职责；我已故的父母琳达和大卫，他们给了我快乐的童年；我的四个孩子，塞巴斯蒂安、弗林、拉弗蒂和维奥莱特，他们是我最重要的老师。